CRIAÇÃO DE RUMINANTES
UMA ABORDAGEM TEÓRICO-PRÁTICA

Luciano Eduardo M. Polaquini
André Rinaldi Fukushima

CRIAÇÃO DE RUMINANTES
UMA ABORDAGEM TEÓRICO-PRÁTICA

Copyright © 2025 by Luciano Eduardo M. Polaquini e André Rinaldi Fukushima.
Todos os direitos reservados e protegidos pela Lei nº 9.610, de 19.2.1998.
É proibida a reprodução total ou parcial, por quaisquer meios,
bem como a produção de apostilas, sem autorização prévia,
por escrito, da Editora.

Direitos exclusivos da edição e distribuição em língua portuguesa:

Maria Augusta Delgado Livraria, Distribuidora e Editora

Direção Editorial: *Isaac D. Abulafia*
Gerência Editorial: *Marisol Soto*
Copidesque: *Tatiana Paiva*
Revisão: *Enrico Miranda*
Diagramação e Capa: *Alinne Paula da Silva*

Dados Internacionais de Catalogação na Publicação (CIP)
Câmara Brasileira do Livro, SP, Brasil)

P762c	Polaquini, Luciano Eduardo
	Criação de Ruminantes: uma abordagem teórico-prática / Luciano Eduardo Polaquini, André Rinaldi Fukushima. - Rio de Janeiro, RJ : Freitas Bastos, 2025.
	136 p. : 15,5cm x 23cm.
	ISBN: 978-65-5675-493-2
	1. Agropecuária. I. Fukushima, André Rinaldi. II. Título.
2025-626	CDD 630
	CDU 63

Elaborado por Vagner Rodolfo da Silva - CRB-8/9410
Índices para catálogo sistemático:
1. Agropecuária 630
2. Agropecuária 63

Freitas Bastos Editora
atendimento@freitasbastos.com
www.freitasbastos.com

Luciano Eduardo M. Polaquini

Graduado em Zootecnia pela Universidade Estadual Paulista Júlio de Mesquita Filho (Unesp) e mestre em Zootecnia pela Universidade Estadual Paulista Júlio de Mesquita Filho (Unesp), MBA em Empreendedorismo pela Universidade Anhembi Morumbi (UAM). Acadêmico no curso de Administração. Com o término do mestrado, começou a atuar como professor de graduação na área de Criação Animal (Nutrição Animal, Melhoramento Genético, Criação de Ruminantes e Bases da Criação Animal). Desde 2023, assumiu novos desafios profissionais, atuando na coordenação acadêmica superior em um centro universitário e membro da Comissão Própria de Avaliação (CPA). É sócio-diretor da ConsPec Consultoria Pecuária. Mais de 25 anos de experiência nas áreas de: produção animal, planejamento, gestão e comercialização em agronegócio; elaboração e gestão de projetos.

Link Lattes: https://lattes.cnpq.br/9456064093874182.

André Rinaldi Fukushima

Bacharel em Farmácia pela Universidade São Judas Tadeu (USJT), mestre em Neurociências e doutor em Patologia Experimental e Comparada pela Universidade de São Paulo (USP). Nos primeiros passos de sua carreira, desenvolveu relevantes habilidades de pesquisa como estagiário no Instituto Médico Legal de São Paulo, trabalhando com isolamento, caracterização, e teste imunológico de drogas de abuso e xenobióticos em matrizes biológicas, e análises neuroquímicas pós-mortais em drogadictos. Posteriormente, atuou por um ano como consultor na área ambiental, em um projeto denominado Projeto BRA/05/043 Processo 40-10349/2007 PNUD Contrato de Prestação de Serviços no BRA 10-01786/2008 Assistência Técnica para a Agenda de Sustentabilidade Ambiental Projeto Registro de Emissão e Transferência de Tais Poluentes – RETP – Relatório de Produto CP6. Então, iniciou seu mestrado estudando os efeitos dos xenobióticos naturais e sintéticos nos sistemas biológicos humanos e animais, com foco em análise instrumental de alta precisão, neuroquímica, neurociência, sistema endocanabinoide e tratamento com canabidiol de patologias do complexo CPDELA e autismo, e avaliação de risco neurológico da exposição aos xenobióticos. Após o término do doutorado, começou a trabalhar como professor de graduação e pós-graduação na área farmacêutica (Química Medicinal, Planejamento de Medicamentos, Farmacologia e Toxicologia). Desde 2015, assumiu novos desafios profissionais, atuando na gestão acadêmica superior em um centro universitário e atualmente trabalhando diretamente com a reitoria de duas instituições de ensino superior em pesquisa, regulação, expansão, inovação e qualidade acadêmica.

SUMÁRIO

INTRODUÇÃO **11**

CAPÍTULO 1. ANIMAIS COM APTIDÃO LEITEIRA **16**

1.1 Mercado do leite.. **16**

1.2 Sistemas de produção aplicados a produção de leite **19**

    1.2.1 Sistema extensivo 19

    1.2.2 Sistema semi-intensivo 21

    1.2.3 Sistema intensivo..21

        1.2.3.1 Sistema intensivo a pasto 23

        1.2.3.2 Sistema intensivo em ambiente confinado 24

1.3 Dimensionamento do rebanho...................................... **25**

1.4 Melhoramento genético e a escolha da raça........................... **29**

    1.4.1 Caprinos e ovinos leiteiros................................ 33

    1.4.2 Bovinos leiteiros 35

1.5 Manejo alimentar e sanitário....................................... **39**

    1.5.1 Fases da criação 39

    1.5.2 Fase de cria (inicial)... 40

        1.5.2.1 Reprodução 41

    1.5.3 Definindo o sistema de acasalamento 42

    1.5.4 Parto.. 44

        1.5.4.1 Manejo de neonatos (fase de cria)................ 44

1.5.4.2 Colostro..45

1.5.4.3 Alimento sólido (concentrado)..................................47

1.5.4.4 Cuidados com higiene e instalações (conforto)........ 49

    1.5.4.4.1 Baias coletivas 50

    1.5.4.4.2 Casinhas individuais............................. 53

    1.5.4.4.3 Sistema argentino 55

1.5.4.5 Consistência (rotina)..57

1.5.5 Fase de recria (crescimento) 58

1.5.6 Animais adultos – ordenha....................................... 60

    1.5.6.1 Antes da ordenha...61

    1.5.6.2 Ordenha 61

    1.5.6.3 Pós-ordenha.. 63

**1.6 Distúrbios metabólicos em gado leiteiro:
uma visão atualizada 64**

1.6.1 Principais doenças metabólicas em gado leiteiro 64

    1.6.1.1 Hipocalcemia..65

    1.6.1.2 Cetose 66

    1.6.1.3 Acidose ruminal.. 68

    1.6.1.4 Fígado gorduroso ou síndrome do fígado gordo...... 69

    1.6.1.5 Tetania de pastagens......................................71

1.6.2 Diagnóstico das doenças metabólicas 73

    1.6.2.1 Hipocalcemia (febre do leite)..................... 73

    1.6.2.2 Cetose 74

    1.6.2.3 Acidose ruminal.. 74

    1.6.2.4 Fígado gorduroso (síndrome do fígado gordo)........ 74

    1.6.2.5 Tetania da pastagem 75

1.6.3 Manejo do rebanho nos distúrbios metabólicos...................77

CAPÍTULO 2. ANIMAIS COM APTIDÃO PARA CORTE 81

2.1 Mercado da carne..81

2.2 Sistemas de produção aplicados à produção de carne............. 83

2.2.1 Sistema extensivo 84

2.2.2 Sistema semi-intensivo..85

2.2.3 Sistema intensivo:..85

2.2.3.1 Sistema intensivo a pasto................................85

2.2.3.2 Sistema intensivo em ambiente confinado.............87

2.3 Dimensionamento do rebanho 89

2.4 Melhoramento aplicado a pecuária: gado de corte................. 92

2.4.1 Bovinos de corte... 92

2.4.2 Melhoramento caprinos e ovinos de corte 95

2.5 Manejo alimentar e sanitário 97

2.5.1 Manejo alimentar...97

2.5.1.1 Fase de cria 98

2.5.1.2 Fase de recria... 102

2.5.1.2.1 Produção fêmeas para reposição................. 103

2.5.1.2.2 Estratégia para primeiro parto
aos 24 meses de vida 105

2.5.1.2.3 Estratégia para primeiro parto
aos 36 meses de vida 106

2.5.1.2.4 Produção animais para abate..................... 108

2.5.1.3 Fase de engorda.. 113

2.5.1.3.1 Terminação a pasto 114

2.5.1.3.2 Terminação em confinamento.....................117

2.5.2 Manejo sanitário 119

2.6 Distúrbios metabólicos em bovinos de corte.......................... 122

2.6.1 Principais doenças metabólicas em animais
com aptidão para corte... 122

2.6.1.1 Cetose... 123

2.6.1.2 Hipocalcemia 123

2.6.1.3 Diabetes *mellitus*... *124*

2.6.1.4 Distúrbios do estômago.. 124

2.6.1.5 Diagnóstico das doenças metabólicas 124

2.6.1.6 Cetose... 125

2.6.1.7 Perdas econômicas 125

2.6.2 Manejo do rebanho nos distúrbios metabólicos................. 126

2.6.2.1 Práticas de manejo específicas 126

2.6.2.2 Integração de práticas nutricionais
com tecnologias avançadas...127

CONCLUSÃO 129
REFERÊNCIAS BIBLIOGRÁFICAS 130

INTRODUÇÃO

Prezados leitores, a pecuária é uma atividade com características econômicas diferenciadas do setor industrial e comercial. Apresenta riscos econômicos tendo em vista a sua dependência de fatores climáticos, ao tempo em que as criações permanecem no campo sem o retorno esperado, as dificuldades de comercialização, bem como a instabilidade (volatilidade) e dúvidas a respeito dos preços de mercado. Essas características fazem dessa atividade, em certos momentos, um jogo de incertezas de elevado risco financeiro.

Segundo Bonaccini (2002), tais particularidades se devem a vários fatores, tais como: a variação do ciclo de produção; a existência de diversas categorias, com pesos e valores diferentes no mercado comercial; o rateamento dos custos fixos entre as diferentes categorias; a dinâmica da movimentação dos animais na propriedade ao longo do ano e o gerenciamento empírico de muitas propriedades.

Existe uma grande preocupação em aperfeiçoar os sistemas de produção. De forma geral, a cadeia da bovinocultura passa por profundas reestruturações desde o início dos anos 90, quando ocorreu a abertura comercial. Os produtores sempre administraram suas propriedades de uma forma arcaica, ou seja, não existia uma preocupação em melhorar os seus sistemas de gestão, e, com a abertura comercial, a cadeia, como um todo, foi forçada a procurar alternativas para se tornar competitiva.

Em um primeiro momento, o setor produtivo implementou novas tecnologias, buscando com isso uma maior eficiência no sistema de produção, que culminou em aumento de produtividade. Posteriormente, em função de exigências dos consumidores, buscou-se a excelência na qualidade do produto ofertado, por meio de melhoramento no padrão genético, manejo e nutrição.

O Brasil melhorou muito seu sistema de produção em todos os sentidos, apesar de, ainda existir uma grande parcela de produtores rurais que se encontram estagnados. Com relação a esta constatação é possível inferir que parte desses produtores se encontra descapitalizados e parte se mantém alheia a todas as mudanças ocorridas no setor de produção/comercialização de bovinos de leite.

Segundo Aidar (1995),

> o sucesso da empresa agropecuária depende hoje de seu grau de profissionalismo. Até pouco tempo, era possível ganhar dinheiro na agropecuária com a utilização dos subsídios creditícios que eram fartamente distribuídos aos bons clientes dos bancos. Desta forma, não havia necessidade de máxima eficiência para obtenção de resultados satisfatórios. Mas as coisas mudaram e hoje a permanência da empresa na agropecuária vai depender basicamente de uma gestão extremamente eficiente de seus recursos. E entende-se por gestão eficiente não apenas a utilização da tecnologia mais adequada, mas, principalmente, a profissionalização da gestão financeira e administrativa da fazenda. A localização da propriedade, sua política de pessoal, a contabilidade, os controles financeiros, as previsões, o relacionamento bancário, enfim, todo o sistema administrativo deve ser o mais eficiente possível. A busca da eficácia significa produzir com custos unitários minimizados, e para isso é indispensável que a melhor tecnologia esteja aliada a uma gestão administrativa profissional (Aidar, 1995, p. 255).

Entre os inúmeros obstáculos com os quais o produtor rural tem de conviver para produzir e comercializar determinado produto, dois deles têm especial destaque, pela frequência com que ocorrem e pela intensidade dos prejuízos que causam. Um deles seria o risco de produção, relativo às perdas causadas por pragas e doenças, estiagens e outros fatores climáticos adversos, que podem ser remediados com uso de tecnologia adequada e aquisição de seguro. Outro se constitui no risco de preço, mais difícil de ser minimizado, que corresponde ao fato de não se encontrar comprador ou preço compensador para o produto, na ocasião da entrega da produção.

A crescente liberalização das economias e a progressiva eliminação de políticas governamentais de sustentação dos preços agrícolas nos países emergentes promovem a exposição direta dos produtos agropecuários às flutuações de mercado. Essa nova realidade da economia mundial exige que os produtores rurais aprendam a lidar com os sistemas produtivos de maneira a se tornarem empresários rurais.

O setor agropecuário brasileiro, há mais de duas décadas, vem enfrentando enormes problemas de desenvolvimento e mesmo de subsistência devido a grandes mudanças que a economia mundial e, particularmente, a economia de nosso país vem sofrendo.

Se por um lado a diminuição das linhas de crédito disponíveis, associada às altas taxas de juros impostas ao mercado, vem dificultando enormemente a continuidade das atividades agropecuárias, por outro lado, a globalização da economia e a abertura comercial dos mercados fez com que os preços dos produtos primários caiam ainda mais, diminuindo a capacidade do produtor rural de autofinanciar as suas atividades produtivas.

Assim sendo, para que as atividades agropecuárias possam continuar a ser desenvolvidas em nosso país com bons resultados, é fundamental que uma mentalidade empresarial seja levada ao homem do campo e que o termo "viabilidade econômica" passe a ser objetivo principal a ser alcançado por todos os produtores rurais brasileiros.

Antes de entrar no maravilhoso mundo da criação de ruminantes, alguns conceitos básicos são fundamentais para que possamos dar andamento aos tópicos propostos; destaco:

a) **Animais de produção:** são animais pertencentes a espécies da fauna silvestre, exótica, doméstica ou domesticada, mantidos em cativeiro, sob condições de controle, pelo homem com o propósito de geração de produtos, via abate e/ou reprodução.

b) **Criação:** é o ato de, em condições controladas de cativeiro, favorecer a reprodução de indivíduos pertencentes a fauna silvestre e exótica, originários da natureza ou de cativeiro.

c) **Manejo:** são ações planejadas, programadas, sistematizadas, controladas e monitoradas visando a criação de animais domésticos silvestres ou exóticos, em cativeiro, podendo conciliar a reprodução das espécies na natureza e sua recria em sistemas controlados (EDIM, 2018)

d) **Sistema agroindustrial (SAG):** segundo Saab *et al.* (2009), SAG pode ser definido como uma rede de inter-relações e variados níveis entre agentes institucionais que compõem, de alguma forma, o fluxo de produção de um determinado produto, desde sua produção primária até o consumidor final.

e) **Ambientes de produção:** locais onde os animais serão mantidos com o objetivo de favorecer a criação e/ou reprodução dos animais de produção, podendo ser em ambientes que permitam maior controle ambiental como os confinamentos, ou controle parcial, como o semiconfinamento.

f) **Ciclo de produção:** intervalo de tempo que compreende desde a obtenção dos insumos para produzir e/ou reproduzir os animais, até a obtenção dos produtos finais, que podem ser desde animais vivos prontos para o abate, ou mesmo animais para serem comercializados como animais de estimação.

g) **Ciclo de produção parcial:** quando o produtor atua apenas em apenas parte das etapas produtivas.

h) **Ciclo de produção total ou completo:** quando o produtor atua em todas as etapas produtivas, desde a reprodução até a obtenção dos animais prontos para a comercialização final.

i) **Sistema extensivo:** sistema de criação animal, onde são mantidos animais sem um devido controle, ou seja, eles são criados com baixo emprego de tecnologia, apresentam baixa produtividade, com utilização de mão de obra não especializada, têm um custo de produção baixo e baixa rentabilidade.

j) **Sistema semi-intensivo:** sistema de criação onde são mantidos animais com pouco controle, ou seja, os animais são criados com emprego intermediário de tecnologia, apresentam produtividade mediana, com utilização de mão de obra com baixo grau de especialização, têm um custo de produção e rentabilidade intermediários.

k) **Sistema Intensivo:** sistema de criação animal, onde os animais são mantidos áreas com rígido controle produtivo e/ou reprodutivo. Ou seja, eles são criados com emprego de tecnologia de ponta, apresentam alta produtividade, utilização de mão de obra especializada, têm um custo de produção e rentabilidade elevados.

CAPÍTULO 1.
ANIMAIS COM APTIDÃO LEITEIRA

1.1 Mercado do leite

A cadeia leiteira no Brasil é de suma importância para a elevação do PIB brasileiro, impactando positivamente o cenário macroeconômico, fazendo que o país se destaque como terceiro maior produtor mundial de leite (IBGE, 2022) com aproximadamente 35 bilhões de litros, por ano, com produção em 98% dos municípios brasileiros, porém ainda com grandes necessidades de adequações produtivas e comerciais.

Outra característica marcante da pecuária brasileira é que a grande maioria dos produtores de leite é enquadrada como pequenos ou médios produtores de leite, empregando perto de 4 milhões de pessoas, distribuídos em mais de 1 milhão de propriedades rurais (IBGE, 2022).

A cadeia leiteira no Brasil é de suma importância para a elevação do PIB brasileiro, impactando positivamente o cenário macroeconômico, observa-se os totalizadores deste setor produtivo.

Observa-se na Figura 1.1 a evolução da produção de leite durante 20 anos, pode-se inferir que os volumes cresceram significativamente ao longo das décadas apontadas, muito desta evolução se deve ao emprego de tecnologias produtivas, como melhoria na alimentação, sanidade, reprodução, estrutura produtiva, bem-estar e melhoramento genético, entre outros.

No ano de 2020, foram inspecionados aproximadamente 25,5 bilhões de litros, indicando um crescimento da ordem de 2,1% em relação ao ano anterior. Indicando com isso um recorde produtivo, se levarmos em consideração a série histórica de volume inspecionado por laticínios no Brasil.

Outra importante constatação evidenciada pela Figura 1.1 é que o volume inspecionado cresceu 110% nas últimas décadas – em 2000 eram pouco mais de 12,1 bilhões, ao passo que 2020 o volume inspecionado se elevou para mais de 25,5 bilhões.

Figura 1.1 - Produção de leite sob inspeção no Brasil de 2000 a 2020

Fonte: adaptado pelo autor tendo como referência o Canal do Leite (https://canaldoleite.com/destaques/ producao-de-leite-inspecionado-cresce-21-em-2020-e-atinge-recorde-historico).

De acordo com o MilkPoint (2022), os produtos que tiveram maior representatividade nas exportações brasileiras foram o leite UHT, leite condensado, creme de leite e queijos, perfazendo mais de 78% do total exportado. Importante destacar que o Brasil ainda é muito dependente da importação de leite em pó (integral e desnatado), principalmente de países como Nova Zelândia e Austrália, evidenciando o potencial produtivo a ser explorado pelos nossos produtores de leite.

A Tabela 1.1 ainda evidencia que as exportações representam pouco mais de 31,16% do total movimentado na Balança Comercial, ou seja, ainda somos muito deficitários nessas operações. De acordo com os autores, esse déficit é de mais de 7.700 toneladas.

Tabela 1.1 - Balança comercial de dezembro de 2021

Dezembro 2021	Volume (toneladas)			Valor (US$)		
	Export.	Import.	Saldo	Export.	Import.	Saldo
Leite UHT	474,89	-	474.989	246.690	-	246.690
Leite em pó integral	59,39	3.353	- 3.294.060	205.578	11.968.058	11.762.380
Leite em pó desnatado	4,31	2.389	- 2.384.710	20.641	7.335.996	7.315.355
Leite em pó semidesnatado	0,061	-	61	576	-	576
Leite evaporado	0,066	-	66	206	-	206
Leite condensado	1.145	-	1.145.185	1.963.786	-	1.953.785
Cremes de leite	692,74	-	692.741	1.814.715	-	1.814.715
Iogurtes	66,63	252	- 186.339	88.784	1.025.693	- 936.929
Soro de leite	22,02	1.432	- 1.410.375	16.546	2.237.149	- 2.220.603
Outros produtos lácteos	314,08	784	- 470.375	789.177	3.109.262	- 2.320.085
Manteigas	100,64	358	- 256.225	417.074	2.072.450	- 1.655.376
Queijos	527,78	2.564	- 2.036.605	2.588.433	11.921.785	- 9.333.353
Subtotal 1	3.407,84	11.133	- 7.725.085	8.152.286	39.670.394	- 31.518.108
Leite modificado	88,24	7	- 80.658	320.748	51.769	- 268.979
Doce de leite	89,38	199	- 109.836	206.441	602.819	- 396.376
Subtotal 2	177,63	206	- 29.178	527.189	654.588	- 127.399
Total	3.585,48	11.340	- 7.755.183	8.679.476	40.324.982	- 31.645.507

Fonte: adaptado pelo autor tendo como referência o MilkPoint (https://www.milkpoint.com.br/noticias-e-mercado/giro-noticias/balanca-comercial-de-lacteos-exportacoes-crescem-em-dezembro-228575/#).

1.2 Sistemas de produção aplicados a produção de leite

Existem basicamente três tipos de sistemas de produção que podem ser aplicados a qualquer modelo produtivo, sendo, sistema extensivo, semi-intensivo e intensivo, cada um com particularidades, bem como vantagens e limitações.

A maioria dos produtores de leite no Brasil, segundo a Embrapa (2023), produziu em 2021 cerca de 34 bilhões de litros de leite bovino, distribuídos em 98% dos municípios do território nacional. Destaca-se ainda que esse leite foi produzido por pequenos e médios criadores, empregando cerca de 4 milhões de pessoas.

Ainda de acordo com a Embrapa (2023), o Brasil tem mais de 1 milhão de propriedades rurais produtoras de leite, destacando que, para o ano de 2030, espera-se que apenas produtores mais eficientes se mantenham ativos, fortalecendo ainda mais o agronegócio leite brasileiro.

Antes de dar continuidade convém caracterizar cada um destes sistemas, a saber:

1.2.1 Sistema extensivo

Caracterizado pelo baixo emprego de tecnologia. Os animais são mantidos exclusivamente a pasto, somente com uma mistura mineral pobre. Destaco ainda outras características:

a) Baixo investimento em instalações;

b) Produção de leite sazonal;

c) Baixa qualidade do leite produzido;

d) Ausência de manejos sanitários;

e) Ausência de planejamento alimentar para períodos de estiagem;

f) Elevado índice de mortalidade;

g) Utilizam animais cruzados não especializados;

h) Ausência de assistência técnica, entre outras;
i) Baixa rentabilidade.

Figura 1.2 - Ordenha manual, baixo emprego de tecnologia – sistema extensivo

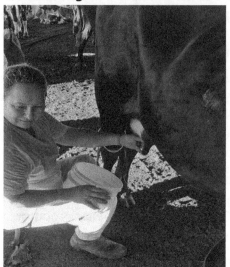

Fonte: foto de autor desconhecido licenciada em CC BY-ND.

Figura 1.3 - Ordenha manual, baixo emprego de tecnologia – sistema extensivo

Fonte: foto de autor desconhecido licenciada em CC BY-SA-NC.

1.2.2 Sistema semi-intensivo

Produtores passam a adotar manejos mais adequados, efetivamente controlam seus rebanhos. Existe um planejamento para períodos de escassez de alimentos. Adotam tecnologia nas diferentes áreas como reprodução, nutrição, sanidade, entre outros.

Figura 1.4 - Sala de ordenha

Fonte: acervo do autor.

1.2.3 Sistema intensivo

Produtor empenhado em obter máxima eficiência produtiva, monitorando todos os indicadores zootécnicos, como taxa de natalidade, taxa de fertilidade, produção de leite, mortalidade. Outra característica marcante é um posicionamento de gestão com foco no resultado, percebendo-se as tendências do mercado consumidor, como rastreabilidade, bem-estar animal, pegada de carbono, sustentabilidade, certificações, aspectos que agregam valor ao produto final, permitindo assim uma comercialização mais eficiente.

Figuras 1.5 - Galpões para confinamento bovinos leiteiros

Figuras 1.6 - Galpões para confinamento bovinos leiteiros

Fonte: acervo do autor.

Figura 1.7 - Sala de ordenha mecanizada – sistema intensivo

Fonte: foto de autor desconhecido licenciada em CC BY-SA-NC.

Quanto aos sistemas empregados na produção de leite no Brasil, pode-se inferir que a maiorias dos produtores de leite utilizam sistemas extensivos e semi-intensivos em suas propriedades.

Importante entender que a escolha do sistema de produção irá impactar a escolha das demais estruturas a serem implementadas nas propriedades rurais, porém convém destacar que as instalações podem ser readequadas em função da necessidade, o que não impede a criação propriamente dita.

Nos sistemas de produção intensivos podemos trabalhar com diferentes ambientes de produção, a saber: sistema de produção intensivo a pasto e sistema de produção intensivo confinado. A seguir iremos abordar algumas características de cada um deles.

1.2.3.1 Sistema intensivo a pasto

A produção de leite em ambiente de pastagem em países de clima tropical, como no caso do Brasil é muito comum, tendo em vista que o clima é quente e úmido durante quase todos os meses do ano, o que favorece o crescimento das plantas, porém existem períodos de estiagem (meses de seca), em que que o ciclo de crescimento das plantas praticamente se encerra, obrigando o produtor a fornecer fontes alternativas de alimentos para que a produção dos animais não seja interrompida.

O grande segredo para o sucesso de sistemas de produção intensivos a pasto é o planejamento em todas as etapas desde o dimensionamento dos piquetes, manejo correto das pastagens e principalmente ajuste de carga animal por área (taxa de lotação), que deve ser periódico e estimado nas diferentes épocas do ano (seca e chuvas). Outro ponto primordial diz respeito à correta adubação e tratos culturas das gramíneas utilizadas, permitindo com isso a longevidade das áreas utilizadas.

O correto manejo de pastagens é complexo e leva em consideração múltiplos fatores, como características edafoclimáticas da região onde a propriedade se localiza, tipo de forragem empregada, nível de nutrientes no solo, taxa de reposição desses nutrientes, carga animal, categoria animal que utilizará tal volumoso, bem como época do ano, ou seja, o correto manejo de pastagens demanda, normalmente, na contratação de consultoria especializada.

Figura 1.8 - Pastagem rotacionada em formato circular

Fonte: acervo do autor.

1.2.3.2 Sistema intensivo em ambiente confinado

O sistema confinado é amplamente utilizado em países desenvolvidos, como Israel, Estados Unidos, Japão, entre outros. No Brasil, ainda é pouco difundido, principalmente pelo elevado investimento inicial.

O confinamento de animais tem como principal objetivo aumentar a produtividade média por unidade de área, aumentando assim a rentabilidade do sistema. Convém destacar que o investimento em tecnologia é elevado, e faz-se necessário planejamento adequado, antes do início das atividades produtivas.

Convém também destacar que os custos de produção são muito mais elevados que os apresentados em sistemas a pasto, sendo necessária uma avaliação da viabilidade de se implementar o projeto.

O sistema em ambiente confinado apresenta as seguintes características:

a) Animais recebem toda a sua alimentação no cocho (volumoso e concentrado.

b) Elevado investimento em instalações.

c) Animais com alto potencial genético (animais melhorados).
d) Produção em escala.
e) Utilização de alta tecnologia (nutrição, sanidade, bem-estar).
f) Necessidade de mão de obra especializada.

Figura 1.9 - Confinamento de bovinos leiteiros

Fonte: foto de autor desconhecido licenciada em CC BY-ND.

1.3 Dimensionamento do rebanho

Esta etapa envolve o dimensionamento do rebanho. Com isso, é possível planejar todas as etapas seguintes, como definir tamanho das instalações, necessidade de adequações na infraestrutura, planejar plantio ou compra de alimentos, medicamentos, contratação de mão de obra. Ou seja, esta etapa, apesar de parecer simples, é de suma importância para o bom andamento da propriedade.

Utilizaremos um exemplo para demonstrar os cálculos. Suponha que você foi contratado por um produtor rural que deseja iniciar uma criação de vacas leiteiras e solicita informação sobre o tamanho do

CRIAÇÃO DE RUMINANTES: UMA ABORDAGEM TEÓRICO-PRÁTICA

rebanho para produzir 3.000 kg de leite por dia. Após a abordagem junto ao produtor, definiram-se os seguintes parâmetros:

- Vacas com potencial para produzir 20 kg/dia.
- Intervalo entre partos (IEP) de 12 meses.
- Período de lactação (PL) de 10 meses.
- Primeiro parto com 24 meses.
- Reprodução somente inseminação artificial (IA).
- Mortalidade (para efeito de cálculos):
  - Vacas em lactação (VL) = 1%.
  - Vacas secas (VS) = 1%.
  - Bezerras (0 a 2 meses) = 4%.
  - Bezerras (2 a 6 meses) = 2%.
  - Bezerras (6 a 12 meses) = 1%.
  - Novilhas (12 a 18 meses) = 1%.
  - Novilhas (18 a 24 meses) = 1%.
- Propriedade irá vender os bezerros machos na primeira semana de vida.

  Desenvolvendo os cálculos, temos:

  Meta: 3.000 litros/dia (durante o ano todo)

  Produção média vaca/dia = 20 kg

Número total de vacas no rebanho (VT)

$$VT = VL + VS$$

Vacas em lactação (VL)

VL = total leite dia / média produção cada vaca

VL = 3.000 kg / 20 kg = 150 vacas

VL = 150 vacas

Porcentagem de vacas em lactação (%VL)

%VL = período de lactação (PL)/intervalo entre partos (IEP) x 100%

%VL = 10 / 12 x 100

%VL = 83%

Porcentagem de vacas secas (%VS)

%VS = %VT – %VL

%VS = 100% – 83%

%VS = 17%

Vacas secas (VS)

Vacas secas (NVS) = %VS x número de vacas lactação (VL) / %VL

VS = 17 x 150 / 83 = 30,73 vacas = aproximadamente 31 vacas secas

VS = 31 vacas

Calculando o número de VT

VT = VL + VS

VT = 150 + 31

VT = 181 vacas

Número de partos por mês (NP)

$$NP = VT/IEP$$

NP = 181/12

NP = 90,5 partos por mês

NP = 90 partos mensais (média)

Portanto:

- 45 bezerros machos (venda imediata).
- 45 bezerras fêmeas (permanecem na propriedade).

> **Observação:** neste exemplo, iremos considerar a seguinte proporção de nascimentos metade machos e metade fêmeas, pois a propriedade não trabalhará com sexagem de sêmen.

Composição das categorias (observação: lembrar de descontar a mortalidade em cada categoria)

Bezerras (0 a 2 meses): 45 bezerras por mês

45 bez. x 96% sobrevivem = 43,2 animais/mês

Total período de 2 meses = 86,4 animais = 87 animais.

Bezerras (2 a 6 meses): 43,2 bezerras por mês

43,2 bez. x 99% sobrevivem = 42,3 animais

Total período de 4 meses = 169,2 animais = 169 animais.

Bezerras (6 a 12 meses): 42,3 bezerras por mês

42,3 bez. x 98% sobrevivem = 41,87 animais

Total período de 6 meses = 251,22 animais = 252 animais.

Novilhas (12 a 18 meses): 41,45 bezerras por mês

41,45 bez. x 99% sobrevivem = 41,03 animais

Total período de 6 meses = 246,18 animais = 246 animais.

Novilhas (18 a 24 meses): 41,03 bezerras por mês

41,03 bez. x 99% sobrevivem = 40,61 animais

Total período de 6 meses = 243,71 animais = 244 animais.

Tabela 1.2 - Totais do rebanho calculado no exemplo

Categoria animal	Nº de animais	Porcentagem
Vacas em lactação	150	12,72
Vacas secas	31	2,62
Bezerras (0 a 2 meses)	87	7,37
Bezerras (2 a 6 meses)	169	14,33
Bezerras (6 a 12 meses)	252	21,37
Novilhas (12 a 18 meses)	246	20,86
Novilhas (18 a 24 meses)	244	20,73
Total	**1.179**	**100**

Fonte: elaborado pelo autor.

Com esses dados calculados, podemos dar andamento aos demais assuntos pertinentes a estruturação da propriedade

1.4 Melhoramento genético e a escolha da raça

A melhoria genética nos rebanhos sempre é pauta de muita discussão entre os produtores rurais e técnicos, pois na maioria das vezes os produtores acreditam que a simples aquisição de material genético melhorador contribuirá significativamente para maiores produtividades em seus sistemas de produção. Contudo há que se atentar para que, quando melhoramos o componente genético, faz-se necessária adequação ambiental. Ou seja, de nada adianta a compra de material genético se não houver a respectiva melhoria na sanidade, instalações, alimentação, entre outros.

Quando se fala em MG leiteiro, existem muitas possibilidades em se tratando de raças, especializadas bovinas (Jersey, Gir, Holandesa, Simental, Pardo Suíço, entre outras) e caprinas (Saanen, Parda Alpina, Toggenburg, Alpina, entre outras). Independentemente da raça/espécie, deve-se atentar também para os objetivos de seleção, sistemas produtivos

30 | CRIAÇÃO DE RUMINANTES: UMA ABORDAGEM TEÓRICO-PRÁTICA

em que os animais serão mantidos, clima, relevo, entre outros, tendo em vista que a produção de leite é fortemente influenciada pelas condições ambientais.

Normalmente as características trabalhadas nos diferentes programas têm como objetivo de seleção aumentar a produção de leite, porcentagem de gordura, teor de proteína, sólidos totais, precocidade reprodutiva, intervalo entre partos, longevidade produtiva, resistência à mastite, persistência na lactação, fertilidade, sendo a maioria classificada como características fenotípicas quantitativas.

As características de maior interesse econômico na pecuária de leite respondem de maneira diferente à seleção. Por exemplo, quando pensamos na característica "volume de leite produzido", temos que levar em consideração, além dos genes envolvidos, as condições de ambiente produtivo.

Tabela 1.3 - As diferentes herdabilidades de características em bovinos leiteiros

Característica	Herdabilidade	Correlação genética
Característica de produção		
Produção de leite	0,25	1
Produção de gordura	0,25	0,75
Produção de proteína	0,25	0,82
Sólidos totais	0,25	0,92
% gordura	0,5	- 0,40
% proteína	0,5	- 0,22
Característica de tipo		
Altura	0,4	-
Profundidade do úbere	0,25	-
Suporte de úbere	0,15	-
Colocação dos tetos	0,20	-
Outras características		
Velocidade de ordenha	0,11	
Contagem de células somáticas	0,10	
Dificuldade de parto	0,05	

Fonte: elaborado pelo autor com base na Revista MilkPoint, disponível em https://www.milkpoint.com.br/artigos/producao-de-leite/conceitos-basicos-sobre-melhoramento-genetico-36274n.aspx.

Antes de abordarmos os aspectos ligados à seleção de animais propriamente dita, convém trazer algumas informações pertinentes à cadeia produtiva do leite brasileira. A bovinocultura leiteira tem grande heterogeneidade produtiva, a maior parte dos produtores de bovinos leiteiros no Brasil é classificada como pequenos ou médios produtores, sendo que a maior parte do leite produzido é a partir de pastagens.

A produção a pasto permite produzir leite a baixo custo, porém exige planejamento para os períodos de escassez de chuvas, no que diz respeito à alimentação.

Como o Brasil é um país de clima tropical, existem diferentes alternativas para alimentar os animais durante a seca, como a silagem, fenação ou mesmo a utilização de capineiras, sendo amplas as possibilidades, sendo necessário apenas que os produtores se preparem para essa época do ano.

Quando se fala em selecionar animais de alta produtividade leiteira, há que se preocupar ainda com o ambiente produtivo (instalações, manejo sanitário, alimentação, entre outros). Sabe-se que a produção de leite é fortemente influenciada pelas condições em que os animais serão mantidos, ou seja, não adianta selecionar material genético de ponta: se as condições ambientais não forem adequadas, os animais não responderão à seleção.

Os programas de MG normalmente optam por selecionar características de produção e percentual de sólidos totais no leite, porém ainda é possível buscar melhoria em outras características, como saúde do animal, fertilidade, longevidade produtiva, tipo e conformação leiteira, entre outras.

Os laticínios brasileiros costumam remunerar os produtores em função da qualidade do produto entregue, sendo a mais usual a remuneração diferenciada por teor de gordura, volume e qualidade microbiológica (contagem de células somáticas (CCS) e contagem bacteriana total (CBT).

A seleção de características produtivas acaba assumindo maior atenção dos produtores rurais, pois elas acarretam aumentos consideráveis no faturamento das empresas rurais. Deve-se atentar ao fato de que a seleção extrema dessas características pode levar a uma perda

32 | CRIAÇÃO DE RUMINANTES: UMA ABORDAGEM TEÓRICO-PRÁTICA

considerável na eficiência reprodutiva, bem como na diminuição de resistência a doenças (Rodriguez-Martinez *et al.*, 2008)

De acordo com Neto (2014 p.1),

> [...] em termos de características produtivas, parcela considerável dos produtores brasileiros dá ênfase no melhoramento genético para produção de leite, relegando para um segundo plano os componentes do leite gordura e proteína. Este fato está relacionado às peculiaridades do mercado de leite no Brasil, no qual historicamente muitas indústrias de laticínios não remuneram adequadamente pela composição do leite. Além disto, o sêmen de touros com baixo valor genético para sólidos do leite apresenta normalmente preço inferior devido à sua menor utilização nos países de produção leiteira desenvolvida [...].

Mas qual é a melhor estratégia a ser seguida?

Vamos pensar em uma situação na qual o produtor precise definir quais objetivos ele deve utilizar em seu programa de MG. Observando a Tabela 1.4, temos diferentes possibilidades para que sejam avaliadas e posteriormente servir na tomada de decisão do referido produtor rural.

Tabela 1.4 - Mudanças esperadas na composição do leite por diferentes critérios de seleção

Critério de seleção do touro	Resposta esperada nas filhas				
	Produção leite (kg)	Produção gordura (kg)	Produção proteína (kg)	Gordura (%)	Proteína (%)
Produção leite	+++++	++++	++++	--	---
Produção gordura	++++	+++++	++++	+	0
Produção proteína	++++	++++	+++++	0	+
% gordura	--	++	-	++++	+++
% proteína	---	-	-	+++	+++++

Legenda: +++++ = ganho máximo; 0 = indiferente; ----- perda máxima

Fonte: Elaborada pelo autor com base na Revista MilkPoint, disponível em https://www.milkpoint.com.br/artigos/producao-de-leite/conceitos-basicos-sobre-melhoramento-genetico-36274n.aspx.

A partir dos dados analisados, podemos observar que a estratégia adotada por parte dos produtores rurais aqui no Brasil (selecionar para aumento no volume de leite) interfere de maneira negativa nos valores de porcentagem de gordura, ou seja, o produtor precisa escolher se trabalha o volume do leite ou a porcentagem de gordura, pois o aumento de uma, implica a redução direta da outra. Ao passo que a seleção para sólidos totais não interfere de maneira direta na porcentagem de gordura, pela análise, foi considerada nula (0).

Outro aspecto apontado na tabela acima nos permite deduzir que a melhor estratégia seria selecionar para produção de gordura e proteína, evidenciando aumento na produção de leite bem como de sólidos totais.

Para encerrar este tópico, é importante salientar que o melhoramento genético proporciona ganhos significativos nos parâmetros produtivos, porém deve ser iniciado em conjunto com adequações ambientais, permitindo que os genes envolvidos possam ser expressos.

1.4.1 Caprinos e ovinos leiteiros

A criação de pequenos ruminantes no Brasil aumentou nos últimos anos devido ao maior interesse dos criadores de caprinos e ovinos em atender o mercado *gourmet*, tendo a possibilidade de disponibilizar aos consumidores uma carne diferenciada. Nota-se, também, um aumento na procura de derivados lácteos oriundos dessas espécies, justamente para atender um nicho de mercado bastante promissor. Esses fatores, sem dúvidas, foram os maiores responsáveis pelos novos empreendimentos e investimentos em tecnologia tanto na caprinocultura quanto na ovinocultura brasileira.

O Brasil tem o 18o rebanho mundial de cabras, com uma particularidade: a maiorias dos caprinos está no Nordeste brasileiro – cerca de 93,9% do efetivo rebanho, segundo o IBGE (2018).

Ainda sobre a concentração do rebanho, é possível inferir que se trata de criações mantidas em sistemas extensivos, ou seja, com baixo emprego de tecnologia, e animais pouco especializados, caracterizando a criação como sendo de subsistência.

Figura 1.10 - Efetivo rebanho caprino e ovino no Brasil (2018)

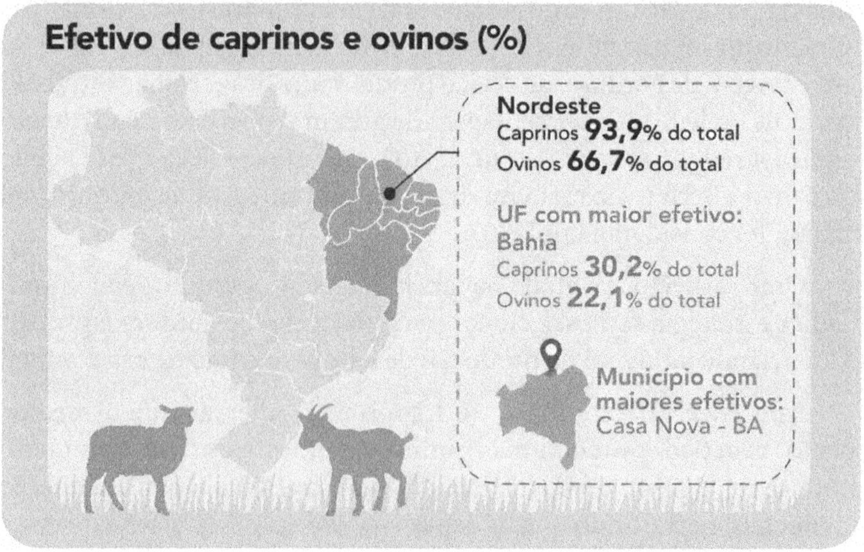

Efetivo de caprinos e ovinos (%)

Nordeste
Caprinos **93,9**% do total
Ovinos **66,7**% do total

UF com maior efetivo:
Bahia
Caprinos **30,2**% do total
Ovinos **22,1**% do total

Município com maiores efetivos:
Casa Nova - BA

Fonte: IBGE, Diretoria de Pesquisas, Coordenação de Agropecuária, Pesquisa da Pecuária Municipal (2018).

Esse volume de animais responde por aproximadamente 43% do volume de leite produzido, ao passo que os estados do Sudeste e Sul têm pouco mais de 4,5% do efetivo rebanho, porém respondem por mais de 75% do volume total de leite caprino IBGE (2018).

Com relação à caprinocultura leiteira, a Embrapa Caprinos e Ovinos implementou, no ano de 2005, seu programa de melhoramento genético de caprinos leiteiros (Capragene), por meio do qual busca desenvolver a produção de leite na caatinga a partir da identificação de reprodutores geneticamente superiores para as características de volume e qualidade (GENECOC, [s.d.] a).

A Embrapa utiliza o controle leiteiro, além do teste de progênie, para identificar animais que sejam superiores em relação à média produzida pelo rebanho controle. O Capragene publica periodicamente um sumário contendo as informações das avaliações genéticas dos animais para servir de referência na tomada de decisão dos criadores.

Em teoria, o Capragene permite que qualquer produtor faça o cadastro no programa. Na prática, o produtor recebe uma visita dos técnicos em sua propriedade para a coleta de informações e início do controle leiteiro. Posteriormente, a propriedade passa a receber dados de suas cabras para análise e seleção. Os produtores recebem, também, orientações sobre direcionamentos dos seus acasalamentos com o objetivo de elevar seus ganhos genéticos e de produtividade (GENECOC, [s.d.] a).

Já a ovinocultura leiteira no Brasil se encontra muito reduzida. Pode-se dizer que está quase em uma fase embrionária quando comparada à mesma exploração nos países europeus. No entanto, ainda é vista como uma excelente oportunidade de investimento e nicho de mercado bastante promissor.

De acordo com Santos (2016), as propriedades que se dedicam à exploração da ovinocultura leiteira no país não chegam nem a vinte no total. No entanto, é nos estados do Sul (Paraná, Santa Catarina e Rio Grande do Sul) que se concentra a grande maioria dos produtores de leite do Brasil, sendo a raça Lacaune, de origem francesa, aquela de maior interesse por parte dos criadores devido a sua aptidão leiteira.

Os principais desafios da ovinocultura brasileira para a produção de leite em escala são de ordem: produtiva, pois a maioria dos ovinos produzidos no país acaba sendo utilizada para a produção de carne; técnica, mediante a falta de conhecimento nos sistemas leiteiros de produção de ovelhas; e genética, em que a maioria dos ovinos manejados no país tem aptidão para o corte, ou seja, produção de carne. Este fato torna necessário um programa de seleção genética mais efetiva para animais com aptidão leiteira, levando-se em consideração as condições brasileiras de produção. Significa dizer que não basta importar o material genético da Europa, os animais precisam estar aclimatados ao ambiente tropical, além de estarem adaptados ao sistema de produção para que possam expressar todo o seu potencial genético.

1.4.2 Bovinos leiteiros

O melhoramento genético aplicado aos bovinos leiteiros é de suma importância para a cadeia produtiva de leite no mundo. Existem inúmeras raças com aptidão leiteira, nas quais podem ser trabalhadas características tanto produtivas quanto qualitativas. Porém o aspecto de maior interesse econômico, por parte dos criadores é a produção de leite, seguida dos teores de gordura e proteína.

36 | CRIAÇÃO DE RUMINANTES: UMA ABORDAGEM TEÓRICO-PRÁTICA

O Brasil, em 2020, tinha o maior rebanho bovino do mundo, com mais de 217 milhões de cabeça com aptidões tanto para carne quanto para leite. Com relação aos rebanhos caprinos e ovinos, o país tem mais de 21 milhões de cabeças, porém estas representam pouco quando comparamos com os países asiáticos (maiores produtores e consumidores mundiais) (Souza, 2021).

A estrutura da criação de animais com aptidão para leite no Brasil ainda apresenta muita heterogeneidade produtiva, sendo que boa parte dos criadores são de porte pequeno ou médio. Inúmeros são os problemas observados, desde a capacidade de investimento dos produtores (grande maioria descapitalizado) até a base genética dos animais produzidos (normalmente a base genética é extremamente rústica, porém com baixa capacidade produtiva).

No entanto, antes de nos aprofundarmos quanto aos programas propriamente ditos, é necessário discutirmos algumas estratégias adotadas para auxiliar na tomada de decisão com relação à escolha dos reprodutores para introdução nos rebanhos leiteiros. Essa seleção deve ser baseada nos critérios técnicos, devendo-se evitar, portanto, escolher animais apenas por seus aspectos visuais, como cor do pelo porte e padrão racial, dando ênfase ao desempenho médio de suas progênies para as características de maior valor econômico.

Nesse sentido, Gama (2002) nos explica que o criador deve priorizar especificamente algumas características, como capacidade produtiva, características morfológicas (conformação do úbere, profundidade do animal, comprimento, largura de garupa) e fisiológicas (resistência a mastite, temperamento dócil, longevidade, fertilidade), entre outras.

Além dos dados apontados, ainda se faz necessária a utilização de animais provados em programas de melhoramento genético animal (MGA) e com capacidade prevista de transmissão (PTA ou HTP) estimada.

O principal propósito da PTA é classificar reprodutores em função das características avaliadas. Vamos entender um pouco mais sobre essa estimativa a partir do exemplo em bovinos leiteiros.

Um touro A da raça Holandesa tem uma PTA para produção de proteína de + 6 kg, e outro touro B também da raça Holandesa com PTA para proteína de + 16 kg. Como podemos interpretar estas duas PTAs?

Pensando na PTA do touro A, podemos esperar que as filhas do referido touro irão produzir, em média, + 6 kg a mais de proteína que as filhas de touros usados na sua base genética.

Também é possível comparar as PTAs dos dois touros A e B, da seguinte maneira: PTA touro B – PTA touro A = 16 – 6 = 10 kg. Analisando as duas PTAs pode-se esperar que as filhas do touro B produzam, em média, 10 kg a mais de proteína que as filhas do touro A. É importante destacar que, para a comparação ser válida, os animais devem ser do mesmo grupo genético, e as filhas avaliadas devem estar em ambientes produtivos semelhantes. E, por fim, salienta-se a necessidade de avaliar a acurácia de predição dos valores genéticos, de ambos os touros para aumentar o grau de confiabilidade destas estimativas.

Existem muitas confusões no momento de interpretar a PTA e, principalmente, na sua aplicação. Desse modo, é preciso lembrar que muitos produtores estão escolhendo seus reprodutores somente a partir dos valores de PTA, esquecendo-se de que a introdução de material genético melhorador de maneira isolada não irá resolver o problema produtivo, pois de nada adianta comprar sêmen de um touro melhorador se não promover adequações no ambiente em que os animais serão produzidos.

Certamente os produtores se perguntam: qual é o caminho a se seguir para obter o tão sonhado progresso genético a partir da adoção do Programa de MGA em sua propriedade? Esta questão é complexa, e se faz necessário um planejamento antes de iniciar com os animais, levando em consideração todas as demandas para que se obtenha sucesso, pois, infelizmente, grande parte dos produtores ainda acredita que a simples compra de material genético (sêmen ou mesmo embriões) resolve o problema produtivo de sua propriedade.

Na bovinocultura leiteira, além dos aspectos listados anteriormente como a escolha de características produtivas, morfológicas e fisiológicas, a genômica será em breve, uma realidade viável para a maioria dos produtores rurais. Segundo pesquisadores da Embrapa Gado de Leite, o Programa Clarifide Girolando é voltado para a raça bovina Girolando, raça de grande expressão no Brasil, tendo em vista que os animais são amplamente criados no país (Neiva, 2018).

CRIAÇÃO DE RUMINANTES: UMA ABORDAGEM TEÓRICO-PRÁTICA

Segundo Neiva, pesquisador da Embrapa (2018, p. 1) "[...] o Clarifide é resultado de seis anos de pesquisas em genômica, genética molecular e bioinformática. Reunimos o que há de mais avançado nos conhecimentos de genoma e sistemas computacionais para avaliar as informações provenientes de um chip com centenas de milhares de dados relacionados ao DNA bovino".

No Quadro 1.1, analisamos as principais diferenças entre as duas maneiras de selecionar reprodutores leiteiros o MGA tradicional e o MGA por meio da avaliação genômica.

Quadro 1.1 - Melhoramento genético tradicional x seleção por meio da avaliação genômica

Melhoramento genético tradicional x seleção genômica	
Melhoramento tradicional	**Avaliação genômica**
Produtor seleciona os animais que acredita serem bons.	Produtor seleciona os animais que acredita serem bons.
Coleta dados produtivos dos animais.	Coleta material genético (sangue, sêmen ou embrião).
Touros submetidos ao teste de progênie.	Produtor recebe o valor genômico do animal.
Avaliação das filhas dos reprodutores com base na produtividade após a primeira lactação.	Tempo de avaliação dura alguns meses.
Publicação da avaliação dos touros nos Sumários da Raça.	
Tempo avaliação dura no mínimo 4 a 5 anos.	

Fonte: elaborado pelo autor tendo como referência a Embrapa Gado Leiteiro, disponível em https://www.embrapa.br/busca-de-noticias/-/noticia/34137502/ brasil-desenvolve-seu-primeiro-sistema-de-avaliacao-genomica-para-bovinos-leiteiros.

Observa-se, no Quadro 1.1, que o MGA tradicional demanda etapas como a escolha dos animais que se acredita serem superiores. Eles são submetidos a coleta de dados (produtivos e reprodutivos) e posteriormente colocados em um teste de progênie, para que seja avaliada a sua superioridade em relação aos seus contemporâneos. Convém lembrar que os animais somente serão validados após a análise dos dados de suas filhas.

Nesse Quadro, ainda é possível concluir que, a partir da avaliação genômica, o processo de seleção se torna mais rápido. É necessário apenas o envio do material genético daqueles animais que o produtor julga serem superiores. Posteriormente, o material será analisado, e o criador receberá o valor genômico desses indivíduos, tendo a opção de utilizar ou não os animais em seu rebanho.

Esse tipo de seleção permite que o produtor possa selecionar animais extremamente jovens, em alguns casos mesmo antes de seu nascimento (material coletado do embrião). Com isso, é possível estimar se o animal é portador das características (genes) desejáveis para determinadas características de interesse econômico. Esse procedimento economiza o tempo de avaliação dos animais, pois permite a seleção de animais jovens, promovendo uma redução no intervalo entre gerações, redução nos custos com manutenção de reprodutores, além de aumentar o progresso genético.

É comum que os produtores rurais questionem qual é a melhor raça para que possam utilizar em seus sistemas. É fundamental explicitar que todas as raças têm vantagens e limitações, devem ser estudadas e adequadas a realidade produtiva da referida propriedade – ou seja, todas as raças são passíveis de serem utilizadas, desde que o ambiente produtivo esteja compatível com suas reais necessidades.

Melhorias em alimentação, sanidade e manejo são fundamentais para que o material genético introduzido possa mostrar seu resultado e aumentar a produtividade na referida propriedade.

1.5 Manejo alimentar e sanitário

1.5.1 Fases da criação

Para facilitar o manejo nas propriedades, utilizamos a estratégia de setorizar as etapas produtivas, muito trabalhada em todas as abordagens técnicas.

Para efeito didático dividiremos a vida útil dos animas com aptidão leiteira em 3 fases (ou etapas) produtivas, a saber:

a) **Fase de cria:** vai do nascimento do animal até o desmame.

b) **Fase de recria:** vai do desmame até o primeiro parto.

CRIAÇÃO DE RUMINANTES: *UMA ABORDAGEM TEÓRICO-PRÁTICA*

c) Fase adulta: vai do primeiro parto até o descarte dos animais.

Utilizaremos um esquema para ilustrar como as fases da vida de um animal podem interagir de maneira a facilitar todos os manejos; veja a Figura 1.11.

Figura 1.11 - Esquema com as fases da vida de animais leiteiros

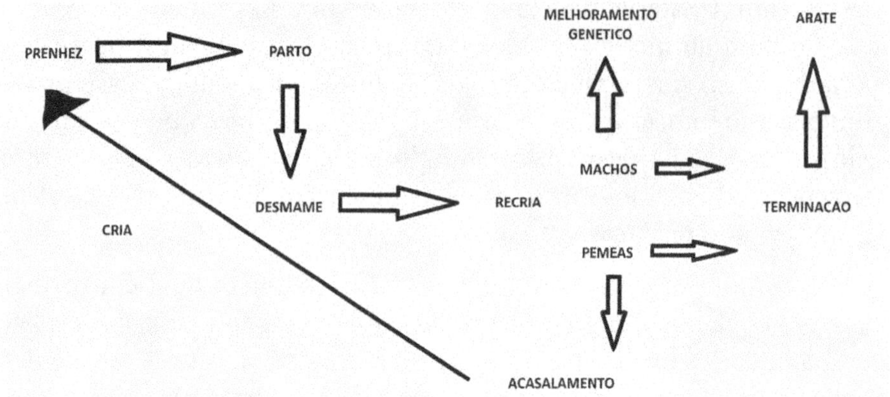

Fonte: elaborado pelo autor.

1.5.2 Fase de cria (inicial)

A fase de cria em todas as espécies é rica em pontos de atenção, lembrando que esta fase compreende um período crítico, pois, no nosso entendimento, é um dos pontos-chave para o sucesso de toda propriedade leiteira.

Nos sistemas de produção monitorados, faz-se necessária a adoção de metas para que sejam buscadas e melhoradas a cada ciclo produtivo. Como meta principal nesta fase, buscaremos reduzir a taxa de mortalidade para valores inferiores a 5%, sendo que o ideal é mortalidade zero – sabemos que é impossível, pois estamos lidando com seres vivos.

Aqui abordaremos aspectos ligados a reprodução, gestação, parto e aleitamento de animais com aptidão leiteira. Com o objetivo de simplificar e tornar mais fácil o entendimento, iremos tratar os aspectos comuns das quatro espécies de maneira conjunta, destacando apenas as particularidades de cada uma delas.

A fase de cria se inicia com a reprodução. No caso de rebanhos leiteiros, é fundamental escalonar os partos de maneira a permitir que a produção de leite permaneça constante ao longo dos meses do ano.

1.5.2.1 Reprodução

De acordo com Oliveira *et al.* (2010 p.39), "[...] a produção se inicia com a reprodução dos animais. Assim, para uma boa produção é necessária uma boa reprodução. De uma maneira geral, existem três vias para se aumentar os índices reprodutivos num rebanho: 1. Diminuindo o número de matrizes 'falhadas' ou seja, procurar fazer com que todas as fêmeas fiquem prenhas na cobertura; 2. Aumentando o número de crias nascidas por matriz parida, ou seja, selecionar matrizes de parto múltiplo (no caso de pequenos ruminantes); 3. Diminuindo o número de crias que morrem após o nascimento, ou seja, evitando a mortalidade das crias após o nascimento".

A monta natural é o sistema de acasalamento mais utilizado, devido à praticidade, custo menor e menor necessidade de mão de obra, bem como maiores taxas de prenhes obtidas com a utilização de machos. Porém convém destacar que a utilização dessa estratégia acarreta algumas desvantagens, como menor ganho genético, menor controle de transmissão de doenças sexualmente transmissíveis, bem como maiores chances de lesionar os reprodutores e matrizes durante a cobertura.

A manutenção da produção de leite constante ao longo dos meses do ano depende de um excelente manejo reprodutivo, tendo em vista que as fêmeas somente produzirão leite após o parto. Portanto, é correto afirmar que, quando uma propriedade não tem um bom manejo reprodutivo, sua produção leiteira será profundamente afetada de maneira negativa.

O ciclo estral é o período entre dois cios, provocando alterações hormonais em todo o organismo do animal. Em ruminantes, dura em média de 17 a 24 dias, sendo que as condições corporais e sanitárias interferem de maneira direta na viabilidade reprodutiva dos animais.

1.5.3 Definindo o sistema de acasalamento

Os sistemas de acasalamento são métodos que visam formar pares entre machos e fêmeas de uma população animal, com o objetivo de obter descendentes com características desejadas.

Tais sistemas podem ser: monta natural, monta controlada ou inseminação artificial. A escolha do sistema mais adequado deve levar em conta os aspectos genéticos, reprodutivos, sanitários e econômicos envolvidos na produção. No Brasil, o sistema mais utilizado é a monta natural.

Destacamos que, mesmo optando por utilizar a monta natural, o produtor deve manter rígido controle de seus animais. Portanto, em propriedades monitoradas, a única opção viável é a monta controlada, em que o produtor identifica a fêmea no cio e a conduz para cobertura pelo reprodutor mais indicado.

Monta natural (MN)

Sendo a mais praticada principalmente pela praticidade, neste caso os machos e fêmeas são mantidos juntos por longos períodos, ficando, assim, difícil determinar data de cobertura, paternidade e data de parição do rebanho, permanecendo o produtor como um mero expectador do sistema.

Monta natural controlada (MC)

Prática relativamente simples, porém permitindo que o produtor passe a determinar melhor época para cobertura, racionalizando, com isso, todo o sistema produtivo (período de nascimento, desmama, recria e animais adultos aptos para entrar na produção), organizando assim o planejamento anual da propriedade.

Na monta controlada, o produtor identifica as fêmeas no cio e as leva para serem cobertas pelo reprodutor mais indicado, assumindo, com isso, as "rédeas" do sistema produtivo. Ou seja, consegue planejar o número adequado de partos por mês, assegurando uma produção mais constante ao longo dos meses do ano.

Inseminação artificial (IA)

A inseminação artificial é uma técnica que permite a reprodução de animais sem a necessidade de contato físico entre machos e fêmeas. Consiste na introdução de sêmen previamente coletado e processado no trato reprodutivo da fêmea no momento adequado do ciclo estral.

Essa técnica apresenta diversas vantagens, como a melhoria genética dos rebanhos, o aumento da produtividade, a prevenção de doenças sexualmente transmissíveis e a redução de custos com manejo e alimentação dos machos.

A IA, apesar de amplamente vantajosa no que diz respeito a custos com manutenção de reprodutor e ganhos genéticos potencializados, ainda é pouco explorada em rebanhos de pequenos ruminantes. Porém, em grandes, já se tornou uma prática comum e amplamente difundida mesmo entre os pequenos produtores.

Ainda existem outras práticas reprodutivas, que podem – e devem – ser utilizadas no intuito de evoluir com os rebanhos. Entre elas, a inseminação artificial em tempo fixo (IATF) é uma alternativa quando se faz complicada a detecção no cio da fêmea, permitindo assim que o produtor organize as coberturas previstas no seu escalonamento e, com isso, mantenha sua produção média ao longo dos meses do ano.

A gestação de grandes ruminantes dura em média 270 dias (9 meses) enquanto a de pequenos ruminantes dura em média 150 dias (5 meses). Convém destacar que neste período os animais devem ser monitorados periodicamente, com relação ao ganho de peso médio diário (GPD) para assegurar que tenham seus requerimentos nutricionais atendidos.

Didaticamente, iremos iniciar o manejo reprodutivo a partir do parto dos animais, destacando os cuidados com os neonatos e evoluir com estes animais até a primeira lactação.

1.5.4 Parto

1.5.4.1 Manejo de neonatos (fase de cria)

Como é sabido, os ruminantes nascem sem a microbiota ruminal (composta por fungos, protozoários e bactérias). Normalmente são chamamos de ruminantes não funcionais, também sendo desprovidos de células de defesa, pois as mães não transferem anticorpos por via placentária – ou seja, são animais que vão demandar muita atenção por parte de quem irá manejá-los.

A avaliação do neonato é uma prática fundamental para garantir a saúde e o bem-estar do animal recém-nascido. O neonato passa por uma transição dramática do ambiente intrauterino para o extrauterino, tendo que se adaptar às novas condições de respiração, alimentação, termorregulação e imunidade.

Além disso, o neonato pode sofrer complicações decorrentes do parto, como asfixia, hipotermia, hipoglicemia e malformações. Por isso, é importante realizar uma avaliação clínica e comportamental do neonato logo após o nascimento, para identificar possíveis alterações e intervir precocemente se necessário.

Olson *et al.* (1980) constataram que bezerros hipotérmicos apresentaram atraso no início de absorção de imunoglobulinas (Ig) quando comparados com animais que não sofreram com o frio, aumentando, com isso, as chances de os animais adoecerem, reforçando assim a importância do monitoramento dos animais no pós-nascimento.

A avaliação envolve a observação de parâmetros como frequência cardíaca, frequência respiratória, temperatura corporal, reflexos neurológicos, postura, movimentação, sucção, ingestão de colostro e eliminação de mecônio. Esses parâmetros podem variar de acordo com a espécie, a raça, o sexo e o peso do animal, mas devem estar dentro de uma faixa considerada normal para cada caso.

Esta avaliação também permite estabelecer um vínculo entre o animal e o criador, facilitando o manejo e a prevenção de doenças, contribuindo para o monitoramento do crescimento e do desenvolvimento do animal, podendo indicar a necessidade de intervenções nutricionais ou sanitárias ao longo da vida.

De acordo com Bittar (2008), o conceito dos cinco "Cs" foi descrito pela primeira vez por McGuirk, da Escola de Medicina Veterinária de Wisconsin. Atualmente este conceito é amplamente divulgado no meio técnico, e os Cs significam: colostro, concentrado, cuidados com a higiene, conforto e consistência. Mais à frente, iremos aprofundar um pouco mais cada um deles.

Os cinco "Cs" da criação em ruminantes representam conceitos fundamentais que devem ser considerados ao se gerenciar o rebanho de animais ruminantes, como bovinos, ovinos e caprinos. Esses princípios são cruciais para garantir a saúde, o bem-estar e o desempenho produtivo e reprodutivo dos animais.

Abaixo detalharemos alguns aspectos importantes sobre este manejo.

1.5.4.2 Colostro

Considerado o primeiro alimento dos mamíferos, vai muito além de prover apenas nutrientes. Tem papel primordial na transferência de anticorpos para os neonatos das espécies estudadas neste livro.

O colostro é a primeira secreção da glândula mamária nas 72 horas após o parto e é fundamental para o desenvolvimento dos neonatos de ruminantes. O colostro contém altos teores de proteínas, gorduras, vitaminas, minerais e imunoglobulinas, que são anticorpos que protegem o organismo do recém-nascido contra diversas infecções.

Os ruminantes nascem sem as células de defesa, pois a placenta não permite a passagem de anticorpos da mãe para o feto durante a gestação. Por isso, o colostro é a única fonte de imunidade passiva para os neonatos até que eles sejam capazes de produzir seus próprios anticorpos (imunidade ativa), por volta de um mês de vida. Além do papel imunológico, o colostro também tem uma função nutritiva, fornecendo energia e nutrientes essenciais para o crescimento e o desenvolvimento dos tecidos e órgãos dos neonatos.

O fornecimento de quantidades adequadas de colostro vai permitir que o animal consiga se manter estável até o seu sistema imune possa funcionar de maneira adequada e, com isso, promover a proteção necessária ao longo da vida destes animais.

46 | *CRIAÇÃO DE RUMINANTES: UMA ABORDAGEM TEÓRICO-PRÁTICA*

Tabela 1.5 - Composição básica de colostro de diferentes espécies

Constituinte	Leite de cabra	Colostro de cabra	Leite de ovelha	Colostro de ovelha
Lipídeos	42,6	64,0	49,2	76,7
Proteína	40,9	56,3	57,7	71,0
Cinzas	8,3	9,1	9,4	9,5
Sólidos totais	132,1	178,8	162,2	199,8

Fonte: Adaptado pelo autor tendo como referência MilkPoint https://www.milkpoint.com.br/artigos/produ-cao-de-leite/colostro-e-sua-importancia-para-o-desenvolvimento-das-crias-58450n.aspx.

Pode-se observar que o colostro é um alimento muito rico em todos os nutrientes, apresentando níveis elevados de lipídios, proteínas além da presença de anticorpos, promovendo assim condições para o que o neonato possa se desenvolver de maneira rápida.

A literatura preconiza a ingestão de pelo menos 5% do peso vivo do animal a cada refeição nos primeiros 3 a 4 dias, sendo importante destacar que a absorção das imunoglobulinas (IgG) de maneira passiva se dá, principalmente nas 24 horas pós nascimento, decrescendo até zero nos dias seguintes.

Importante destacar que, quanto maior a ingesta de colostro, maiores as chances de o animal se desenvolver mais saudável. Comumente preconizamos a seguinte estratégia nos 3 primeiros dias: logo após o nascimento e a estabilização do neonato, fornecer 2 litros de colostro, e, a cada 3 ou 4 horas, mais 2 litros, perfazendo de 8 a 12 litros nos 3 primeiros dias, assegurando assim uma imunização adequada.

Outra prática fundamental para reduzir a mortalidade é a cura do umbigo, que deve ser feita logo após o fornecimento de colostro e deve ser repetida por pelo menos 3 dias consecutivos (ou até a secagem do cordão umbilical). Pode-se utilizar uma solução com álcool iodado a 10%.

No caso de caprinos, faz-se necessário o controle da CAE (artrite encefalite caprina)

> Segundo a Embrapa "A Artrite Encefalite Caprina (CAE) é uma enfermidade de curso progressivo causada por um lentivírus e caracterizada pelo período longo de latência.

Os principais sintomas da CAE são artrite, pneumonia, mastite, emagrecimento progressivo e, nos animais jovens, a encefalomielite. Essa infecção consta da lista de doenças que requerem notificação mensal de qualquer caso confirmado, de acordo com a instrução normativa Nº50 do Ministério da Agricultura, Pecuária e Abastecimento (Mapa)" (Embrapa, 2023, s.p.).

A melhor maneira é evitar a entrada da CAE no rebanho. Para isso, é necessário realizar teste nos animais antes da introdução. Após o surgimento, medidas de controle devem ser adotadas, como a testagem das matrizes e, se possível, o descarte de animais positivos.

Contudo, sabemos que essa não é uma medida fácil de ser implementada, restando ainda outra possibilidade, que é a apartação dos neonatos a colostragem (ou aleitamento) artificial, com o colostro (ou leite) pasteurizado antes da oferta aos recém-nascidos.

Destacamos ainda que existem relatos de literatura indicando a oferta de leite de bovinos para controle da CAE em caprinos. Do ponto de vista nutricional, não existem problemas, já que a composição de ambas as espécies é parecida.

1.5.4.3 Alimento sólido (concentrado)

O fornecimento de alimento sólido aos ruminantes pode ser dividido em duas categorias: os alimentos volumosos (aqueles que contêm mais de 20% de fibra bruta na matéria seca [MS]) e os alimentos concentrados (que contêm menos de 20% de fibra bruta na MS). Os alimentos concentrados podem ainda ser agrupados em alimentos concentrados proteicos (apresentam mais de 18% de proteína bruta na MS) e alimentos concentrados energéticos (apresentam menos de 18% de proteína bruta na MS).

Importante destacar que o fornecimento precoce de alimento sólido favorece o pleno desenvolvimento dos ruminantes, sendo que o fornecimento de volumoso irá produzir um efeito de distensão gástrica, ou seja, um aumento do volume do rúmen-retículo, ao passo que o fornecimento de alimento concentrado promoverá uma maior formação de papilas ruminais, favorecendo, com isso, a absorção dos ácidos graxos voláteis (AGVs) tão importantes para aportar energia aos ruminantes.

Importante salientar que, ao nosso ver, o fornecimento de alimento concentrado é primordial, sendo, portanto, prioritário no primeiro mês de vida dos animais, ao passo que o fornecimento de volumoso é não essencial no mesmo período.

Destacamos que o consumo de volumoso irá ocorrer naturalmente, se o animal tiver acesso a pastagens, o que é normal no Brasil, e que esse consumo a partir do segundo mês de vida não afetará o pleno desenvolvimento dos animais. Contudo, caso os animais deixem de consumir o alimento concentrado no primeiro mês de vida, a estimulação de papilas ruminais será prejudicada, reduzindo assim a capacidade deles de absorver AGVs.

O concentrado nas primeiras semanas de vida dos amimais caracteriza a introdução da alimentação sólida nos animais, fase que requer atenção, tendo em vista que eles estão adaptados somente ao leite materno.

Esse manejo deve ser iniciado na primeira semana de vida, e os animais devem ser adaptados de maneira gradual, sendo importante destacar que o fornecimento de leite deve ser mantido, e a ração concentrada disponibilizada em cocho privativo, e o consumo anotado, para se avaliar o grau de aceitação e desenvolvimento dos neonatos.

A ração deve apresentar características desejáveis, como elevada palatabilidade e granulometria adequada, podendo ser farelada, peletizada ou mesmo extrusada. Destacamos que as rações peletizadas e extrusadas são mais indicadas, tendo em vista que não permitem a segregação dos componentes nem a seleção de ingredientes por parte dos animais.

Ainda com relação ao fornecimento de alimento sólido, é sabido que, à medida que os animais se adaptam, o consumo aumenta progressivamente. Com isso, é favorecido o desmame, bem como o aumento no ganho de peso corporal desses animais.

1.5.4.4 Cuidados com higiene e instalações (conforto)

Sempre devemos levar em consideração o conjunto dos manejos aos quais submetemos os animais, pois esses manejos podem ajudar ou mesmo atrapalhar o desenvolvimento ponderal deles. Destacamos a seguir alguns cuidados importantes:

a) **Limpeza das instalações:** as instalações onde os ruminantes são alojados devem ser mantidas limpas e livres de resíduos. Isso inclui remover esterco regularmente, limpar bebedouros e comedouros, e garantir que o ambiente esteja livre de materiais que possam causar lesões nos animais, ou mesmo servir de reservatório de patógenos. Na criação de ruminantes, é possível utilizar diferentes tipos de instalações, como baias coletivas, casinhas individuais, sistema argentino, entre outros.

b) **Ventilação adequada:** a circulação do ar adequada é essencial para garantir um ambiente saudável para os ruminantes, pois locais com pouca renovação de ar são propícios ao acúmulo de microrganismos causadores de doenças. Devemos lembrar que se trata de animais em fase de ajustamento orgânico, a maioria ainda com o sistema imune em formação. Boas práticas de ventilação ajudam a reduzir a umidade e o acúmulo de gases nocivos, como amônia e dióxido e carbono, que podem causar problemas respiratórios nos animais.

c) **Controle de temperatura:** os neonatos são sensíveis a mudanças bruscas de temperatura. Portanto, é importante fornecer um ambiente com temperatura controlada (preferencialmente com pouca variação térmica entre máxima e mínima), especialmente em regiões onde as variações climáticas são extremas. Isso pode incluir o uso de aquecedores no inverno e sistemas de resfriamento no verão. Outro aspecto a se considerar é a utilização de sombreamento natural, com o plantio de árvores no entorno das instalações, promovendo um microclima favorável à manutenção dos animais.

d) **Camas confortáveis:** fornecer camas confortáveis, como palha ou serragem, pode ajudar a reduzir o estresse nos animais e prevenir lesões nas articulações. As camas também devem ser mantidas limpas e secas para evitar o crescimento de microrganismos prejudiciais.

e) **Manejo de esterco:** o esterco produzido pelos ruminantes deve ser manejado adequadamente para evitar a contaminação do ambiente e dos recursos hídricos. Isso pode incluir o uso de sistemas de compostagem ou a aplicação controlada de esterco como fertilizante agrícola.

f) **Água limpa e fresca:** acesso constante a água limpa e fresca é essencial para a saúde e o conforto dos ruminantes. Os bebedouros devem ser limpos regularmente para evitar a contaminação por bactérias e outros patógenos.

g) **Proteção contra parasitas:** parasitas internos e externos podem causar desconforto e doenças nos ruminantes. Portanto, é importante implementar programas de controle de parasitas, incluindo desparasitação regular e medidas de controle ambiental, como o manejo adequado do esterco.

h) **Iluminação adequada:** uma iluminação adequada nas instalações pode influenciar o comportamento e o bem-estar dos ruminantes. É importante fornecer luz natural sempre que possível e complementar com iluminação artificial, quando necessário, para garantir condições ideais de visibilidade e conforto.

Como citado anteriormente com relação às instalações para animais jovens, podemos destacar as mais utilizadas no Brasil, sendo elas: baia coletiva, casinha individual e sistema argentino. De forma sucinta, iremos caracterizar cada uma delas, apresentando vantagens e limitações de seu uso.

1.5.4.4.1 Baias coletivas

As baias coletivas são espaços onde um grupo de animais é alojado em conjunto, em vez de individualmente, e são frequentemente utilizadas em sistemas de produção intensiva. A seguir, algumas vantagens e limitações associadas ao uso de baias coletivas.

Figura 1.12 - Baia coletiva – fase de cria

Fonte: acervo do autor.

Vantagens

Baias coletivas permitem uma utilização mais eficiente do espaço disponível, especialmente em instalações de produção intensiva, em que o espaço é limitado. Agrupar os animais em baias coletivas pode resultar em uma utilização mais eficiente da área de alojamento.

Os ruminantes são animais de hábitos gregários, que se beneficiam da interação com outros membros do rebanho. Baias coletivas proporcionam um ambiente onde os animais podem interagir entre si, expressando comportamentos naturais, como a limpeza mútua, além do estabelecimento da hierarquia social.

O manejo de animais em baias coletivas pode ser mais eficiente em termos de mão de obra, uma vez que é possível tratar de um grupo de animais simultaneamente. Isso pode reduzir o tempo e os custos associados ao manejo individual dos animais.

E, por fim, em baias coletivas os animais podem ser facilmente monitorados quanto à saúde e ao bem-estar. Mudanças no comportamento, na ingestão de alimentos podem ser observadas mais prontamente quando os animais estão alojados em grupo.

Limitações

No entanto, existem limitações importantes que devem ser consideradas na tomada de decisão. Animais alojados em baias coletivas normalmente são submetidos à competição por recursos como comida, água e espaço. Isso pode resultar em animais dominantes monopolizando os recursos, e animais subordinados sofrendo de estresse e deficiências nutricionais, comprometendo assim o desenvolvimento do lote.

Outro ponto importantíssimo diz respeito ao controle de verminoses. A manutenção de grupos de animais em um mesmo ambiente potencializa a propagação de doenças infecciosas, devido à proximidade entre eles. Doenças causadas por vírus ou bactérias podem provocar de uma simples diarreia a doenças respiratórias (como a pneumonia), que são facilmente disseminadas entre os animais estabulados, espalhando-se de maneira facilitada e, muitas vezes, contribuindo para o aumento da taxa de mortalidade nessa faixa etária.

Em algumas situações, a competição e a hierarquia social podem levar a estresse e até mesmo lesões entre os animais. Além disso, o ambiente da baia, se não for adequadamente projetado e mantido, pode aumentar o risco de lesões, como escoriações ou escorregões.

Baias coletivas exigem um gerenciamento cuidadoso para garantir que as necessidades individuais dos animais sejam atendidas. Isso inclui monitoramento constante da saúde, manejo adequado da alimentação e implementação de estratégias para minimizar conflitos sociais.

Em resumo, a utilização de baias coletivas apresenta tanto vantagens quanto limitações que devem ser cuidadosamente consideradas pelos produtores. Enquanto essas instalações podem oferecer eficiência espacial, estímulo ao comportamento social e facilidade de manejo, também requerem atenção especial para garantir o bem-estar e a saúde dos animais alojados. Um planejamento cuidadoso, juntamente com práticas de manejo adequadas, é essencial para maximizar os benefícios e minimizar as limitações associadas ao uso de baias coletivas na produção de ruminantes.

1.5.4.4.2 Casinhas individuais

Os abrigos individuais para pequenos ruminantes leiteiros são estruturas que oferecem proteção e conforto aos animais, contribuindo para seu bem-estar e desempenho produtivo. Esses abrigos são especialmente projetados para atender às necessidades específicas de cabras e ovelhas em sistemas de produção leiteira. A seguir, exploramos as vantagens e limitações desses abrigos.

Figura 1.13 - Casinhas individuais – fase de cria

Fonte: acervo do autor.

Estes abrigos têm inúmeras vantagens, entre elas:

1) **Proteção contra intempéries climáticas:** os abrigos individuais oferecem proteção contra chuva, vento, calor excessivo e frio intenso. Isso é crucial para garantir o conforto dos animais e evitar estresse térmico, o que pode impactar negativamente a produção de leite.

2) **Prevenção de doenças e verminoses:** ao fornecer um ambiente controlado, os abrigos individuais ajudam a reduzir a exposição dos animais a doenças transmitidas pelo ar, parasitas e outras enfermidades. Isso pode resultar em uma população mais saudável e reduzir a necessidade de tratamentos veterinários.

54 | *CRIAÇÃO DE RUMINANTES: UMA ABORDAGEM TEÓRICO-PRÁTICA*

3) **Redução interações negativas (hierarquia de grupo):** em sistemas nos quais os animais são mantidos em grupos, os abrigos individuais podem ajudar a minimizar conflitos hierárquicos e competição por recursos, como alimento e espaço. Isso pode resultar em um ambiente mais calmo e menos estressante para os animais.

4) **Cuidados individualizados:** cada animal tem seu próprio espaço dentro do abrigo, o que facilita a identificação de problemas de saúde, monitoramento do consumo alimentar e gerenciamento da reprodução. Isso permite uma abordagem mais personalizada no cuidado com os animais, levando a melhores resultados de produção.

5) **Facilidade limpeza:** os abrigos individuais geralmente são projetados com materiais e estruturas que facilitam a limpeza e manutenção. Isso ajuda a garantir a higiene do ambiente e reduz o risco de proliferação de patógenos.

Como em todo modelo produtivo, não existe certo e errado. Devemos ajustar as necessidades dos animais à capacidade de investimento do produtor rural. Com isso, destacamos abaixo algumas limitações do abrigo individualizado:

1) **Custo inicial elevado:** os abrigos individuais podem representar um investimento significativo em comparação com outras formas de alojamento. O custo de construção e instalação dos abrigos precisa ser considerado, especialmente para pequenos produtores com recursos limitados.

2) **Necessidade de espaço:** em sistemas nos quais há restrições de espaço – como, por exemplo, locais onde a terra é muito valorizada, como no Estado de São Paulo –, pode ser difícil alocar abrigos individuais para todos os animais. Isso pode limitar a viabilidade dessa opção em determinados contextos, especialmente em áreas urbanas ou onde o acesso à terra é limitado.

3) **Isolamento social:** embora os abrigos individuais ofereçam proteção e gestão individualizada, eles também podem resultar em isolamento social para os animais. O contato e interação social são importantes para o bem-estar mental e emocional

dos animais, e a falta disso pode ser uma desvantagem dos abrigos individuais.

4) **Necessidade de mão de obra:** a gestão de muitos abrigos individuais podem ser mais trabalhosa e requerer um planejamento cuidadoso para garantir que todos os animais recebam os cuidados adequados. Isso pode exigir mais mão de obra e tempo por parte dos produtores.

5) **Adaptação do local:** em algumas regiões, pode ser necessário adaptar os abrigos individuais para atender às condições climáticas locais, como ventilação adicional para áreas quentes ou isolamento extra para áreas frias. Isso pode adicionar custos adicionais e requerer conhecimento técnico específico.

Ou seja, a opção de abrigos individuais é uma opção interessante, pois, como apontado acima, apresenta uma série de vantagens, mas não podemos deixar de observar as limitações. Ao decidirem sobre o uso de abrigos individuais, os produtores devem considerar cuidadosamente esses fatores e avaliar como eles se aplicam às suas necessidades específicas e condições locais.

1.5.4.4.3 Sistema argentino

Os abrigos tipo sistema argentino são estruturas que oferecem um método alternativo de alojamento para pequenos ruminantes leiteiros. Esses abrigos, inspirados em práticas utilizadas na Argentina, são projetados para fornecer proteção e conforto aos animais, ao mesmo tempo em que promovem a eficiência no desenvolvimento das bezerras, estimulando uma ótima interação com os outros animais do rebanho, bem como com a pastagem. Abaixo, exploramos as vantagens e limitações desses abrigos:

1) **Adaptação ao clima da região onde os animais serão criados**: os abrigos tipo sistema argentino são projetados para oferecer proteção contra as variações climáticas, comumente encontradas na região. Essas estruturas são capazes de fornecer sombra durante o calor intenso e abrigo contra chuvas e ventos fortes, criando um ambiente mais confortável para os animais.

2) **Ventilação adequada:** esses abrigos são construídos levando em consideração a importância da ventilação adequada para a saúde dos animais. A disposição dos materiais e o design da estrutura permitem uma circulação de ar eficiente, reduzindo o risco de estresse térmico e doenças respiratórias.

3) **Manejo:** O layout dos abrigos tipo sistema argentino é projetado para facilitar o manejo dos animais. Os corredores e divisórias internas permitem uma separação adequada entre os diferentes grupos de animais, facilitando a alimentação, ordenha e outras práticas de manejo.

4) **Aproveitamento recursos:** muitas vezes, esses abrigos são construídos com materiais disponíveis localmente, como madeira e metal, o que reduz os custos de construção e torna o projeto mais acessível para pequenos produtores. Além disso, o uso de materiais sustentáveis contribui para a sustentabilidade ambiental do sistema de produção.

Figura 1.14 - Sistema argentino de fase de cria bovinos leiteiros

Fonte: foto de autor desconhecido licenciada em CC BY-SA-NC.

Contudo destacamos as limitações deste modelo de criação:

1) **Custo inicial:** embora o uso de materiais locais possa reduzir os custos de construção, os abrigos tipo sistema argentino ainda representam um investimento inicial significativo para os produtores, especialmente para aqueles com recursos financeiros limitados.

2) **Manutenção:** como qualquer estrutura, os abrigos tipo sistema argentino exigem manutenção regular para garantir sua durabilidade e eficácia ao longo do tempo. Isso pode incluir reparos devido ao desgaste natural ou danos causados por condições climáticas extremas.

3) **Espaço:** em sistemas de produção intensiva, nos quais há restrições de espaço, os abrigos tipo sistema argentino podem não ser a melhor opção, pois ocupam uma área considerável. Nesses casos, é importante avaliar a viabilidade de implementar essas estruturas sem comprometer a capacidade de produção da fazenda.

4) **Manejo:** o sucesso dos abrigos tipo sistema argentino depende da implementação de práticas de manejo adequadas por parte dos produtores. Isso inclui garantir uma limpeza regular das instalações, fornecer alimentação e água de qualidade e realizar monitoramento constante da saúde dos animais.

1.5.4.5 Consistência (rotina)

E, por fim, porém não menos importante, devemos destacar a rotina com os animais. Pode parecer uma observação pouco relevante, mas é de suma importância assegurar rotina, os animais se habituam tanto aos tratadores quanto aos horários estabelecidos. Caso contrário, eles ficam agitados e submetidos ao estresse. Quando se fala em bem-estar animal, todas as variáveis passiveis de serem controladas devem ser trabalhadas de maneira a contribuir e promover condições ideais para criação dos animais. Com isso, conseguimos melhorar os indicadores produtivos.

Nas propriedades que monitoramos, costumamos estabelecer a rotina dos animais a partir da rotina dos funcionários; dessa maneira, utilizaremos um exemplo real, porém com nomes fictícios.

Ajuste rotina bezerreiro Granja Feliz

Na propriedade do Sr. Luiz, houve a necessidade de estabelecer a rotina do bezerreiro. Para isso, combinamos uma reunião de alinhamento com os funcionários para adequações. Os funcionários foram informados, no início da reunião, sobre a importância de manter constantes os manejos no bezerreiro. E, para isso, iríamos definir processos que a princípio não poderiam ser mais alterados – daí a importância da cooperação mútua visando a melhora para todos, ou seja, as alterações levariam em consideração os funcionários e os animais, buscando benefícios para todos os envolvidos.

Desafio: ajustar a demanda dos animais à rotina diária dos funcionários, pois a ordenha ocorre bem cedo na propriedade, o que faz com que os funcionários, muitas vezes, não tenham tempo para o café da manhã antes da ordenha.

Proposta: funcionários efetuam a ordenha e, logo após, têm tempo para o café da manhã antes de iniciarem as práticas no bezerreiro. Lembrando que, após o café, a dedicação será para os bezerros. Com isso, fica estabelecido um intervalo de 30 minutos para o café e, posteriormente, início dos tratos dos animais. Ressaltando que essa rotina ocorrerá todos os dias do ano da mesma forma.

Com essas adequações, conseguimos alinhar as demandas de ambos os envolvidos (animais e funcionários), permitindo que os animais e os funcionários tenham sua rotina preservada, promovendo bem-estar para ambos e colaborando para o sucesso dessa prática de manejo.

A partir das práticas de manejo apontadas anteriormente, conseguimos intensificar o crescimento dos animais durante a fase de cria. Dessa forma, podemos proceder ao desmane das fêmeas.

1.5.5 Fase de recria (crescimento)

Durante a fase de recria, existem inúmeros cuidados primordiais para manter os animais em desenvolvimento, porém, após o desmane, os riscos de mortalidade reduzem drasticamente, o organismo já se encontra estável, permitindo, assim, que os animais possam enfrentar os desafios sanitários de maneira mais eficiente, o que contribui para a redução nas taxas de mortalidade.

No Brasil, a prática mais comum é manter os animais em sistema de pastejo, contribuindo para um baixo gasto com alimentação. Devemos lembrar que, até o primeiro parto, esses animais (fêmeas) são tratados como centros de custo, gerando apenas despesas para a propriedade.

É de suma importância planejar esta etapa para obter o máximo de aproveitamento dos animais em recria e, com isso, estabelecer metas a serem cumpridas para manter padrão produtivo e de rentabilidade dos sistemas produtivos.

No caso de rebanhos leiteiros, adotaremos as seguintes métricas de desempenho ponderal:

a) **Ruminantes de grande porte (bovinos e bubalinos):** manter os animais em ganho de peso oscilando entre 300 g e 900 g por dia, com o objetivo de, aos 15 meses, os animais serem inseminados, parindo, portanto, até os 24 meses de idade.

b) **Ruminantes de pequeno porte (caprinos e ovinos):** manter os animais em ganho de peso oscilando entre 100 g e 150 g por dia, entrando em reprodução aos 10 meses (com mínimo de 35 kg PV) e parindo aos 15 meses de idade.

É sabido que animais mantidos em regime de pasto sofrem com as alterações do clima ao longo do ano (seca e chuva). Independentemente do período, é fundamental planejar a alimentação, permitindo, assim, que os animais possam se manter sempre ganhando peso. Destacamos que a época mais propícia para o ganho de peso barato é a estação das chuvas, pois as pastagens se desenvolvem facilmente e apresentam elevados níveis nutricionais, favorecendo ganhos mais elevados e com baixo custo por cabeça.

Porém o período seco do ano (inverno) demanda planejamento estratégico para que, mesmo durante esses meses, os animais continuem se desenvolvendo. Algumas estratégias serão apontadas mais à frente neste livro, porém destacamos as mais comuns: oferta de silagens, pastagens de inverno, capineiras e, ainda, a inclusão de alimentos concentrados (grãos, farinhas e farelos).

Durante a fase de recria, é de suma importância atentar para alguns aspectos que podem interferir na vida adulta do animal. Destacamos dois que devem ser monitorados periodicamente: o ganho de peso (explicado acima) e o desenvolvimento da glândula mamária, que se dá de maneira mais intensa durante a fase de recria.

CRIAÇÃO DE RUMINANTES: UMA ABORDAGEM TEÓRICO-PRÁTICA

A glândula mamária apresentará o máximo de desenvolvimento a partir do desmame até o terceiro parto do animal, porém, na fase de recria, os tecidos que compõem o úbere se depositam em maior intensidade. Vamos analisar, de maneira bem objetiva, dois tipos de células – célula secretora de leite e célula de reserva (gordura) –, que irão compor grande parte dessa glândula.

Durante a fase de recria, a deposição dessas duas células é fortemente influenciada pela alimentação, de maneira que devemos atentar para a seguinte situação: os animais não podem receber sobrealimentação, pois, caso isso aconteça, ocorrerá uma maior deposição de células de gordura, acarretando prejuízo no volume de leite que os animais irão produzir ao longo da vida.

Outro aspecto importante diz respeito à subalimentação, comprometendo o ótimo de desenvolvimento da glândula – nesse caso, reduzindo a deposição de células secretoras de leite.

Visto isso, devemos, como demonstrado acima, planejar o ganho de peso, pois isso favorecerá o equilíbrio entre as células de reserva (gordura) e células secretoras (produtoras de leite). A estratégia proposta – e, portanto, a melhor opção – é manter os animais em ganhos sob restrição, ou seja, os animais devem ganhar peso dentro da faixa apontada anteriormente.

1.5.6 Animais adultos – ordenha

É sabido que a fase de maior interesse para o sistema de produção de leite é a fase adulta, quando os animais iniciam a produção propriamente dita. Ou seja, é nesta fase que o produtor colhe os frutos de todo o investimento. Como vocês podem imaginar, se todas as práticas de manejo foram aplicadas corretamente, a partir deste momento os animais começam a gerar receita para a propriedade.

Para facilitar o entendimento, iremos dividir esta etapa em três fases muito distintas, a saber: fase que antecede a ordenha, fase da ordenha e fase pós-ordenha. Cada uma dessas etapas deve ser planejada de maneira a permitir a máxima eficiência sem comprometer o bem-estar dos animais.

1.5.6.1 Antes da ordenha

Os cuidados com as vacas leiteiras antes da ordenha são cruciais para garantir a produção de leite de qualidade e a saúde do rebanho. Desde o momento em que as vacas são buscadas no pasto ou no confinamento até o início da ordenha, uma série de cuidados deve ser observada para garantir um processo eficiente e livre de problemas.

Ao buscar os animais, é importante manter a calma e evitar qualquer estresse desnecessário. Movimentos bruscos ou barulhos altos podem assustar as vacas, o que pode afetar negativamente a produção de leite e tornar o processo de ordenha mais difícil. Portanto, uma abordagem tranquila e gentil é fundamental.

Os animais devem ser mantidos em uma área denominada sala de espera, aguardando a vez de entrar na sala de ordenha. Durante os meses de verão, recomenda-se climatizar esse local, permitindo uma boa ventilação, sombreamento, ou mesmo microaspersão de água, para favorecer o bem-estar dos animais.

Outro aspecto importante é observar se há alguma vaca que apresente sinais de doença ou desconforto, para que ela possa receber atenção veterinária adequada.

A qualidade do leite é fortemente influenciada pela higiene em todos os aspectos, portanto é fundamental manter as instalações de ordenha limpas e higienizadas. Instalações sujas podem aumentar o risco de contaminação do leite e afetar sua qualidade.

Por fim, antes de iniciar a ordenha, é fundamental garantir que as vacas estejam calmas e relaxadas. O estresse pode afetar negativamente a produção de leite e tornar o processo de ordenha mais difícil. Estratégias para reduzir o estresse incluem proporcionar um ambiente tranquilo durante a ordenha e evitar movimentos bruscos.

1.5.6.2 Ordenha

O processo de ordenha das vacas envolve várias etapas importantes, incluindo o pré-*dipping*, a ordenha em si e o pós-*dipping*. Vamos descrever abaixo, de maneira resumida, as etapas da ordenha e os principais cuidados que devemos ter para que possamos produzir leite de qualidade.

Pré-*dipping*: antes de iniciar a ordenha, as tetas das vacas devem ser higienizadas, para reduzir o risco de contaminação bacteriana. Isso é feito por meio do pré-*dipping*, que envolve a aplicação de um desinfetante nas tetas. O pré-*dipping* ajuda a matar as bactérias presentes na superfície da pele e reduz o risco de mastite. Após a aplicação do pré-*dipping*, as tetas são secas com toalhas de papel limpas, para remover qualquer sujeira ou resíduo.

Ordenha: a ordenha das vacas pode ser feita manualmente ou com o uso de equipamento de ordenha mecanizada. Durante a ordenha, é importante garantir que as vacas estejam calmas e confortáveis, para maximizar a produção de leite. O equipamento de ordenha é colocado nas tetas das vacas, e o vácuo é aplicado para extrair o leite. Durante esse processo, é importante monitorar a qualidade do leite e observar qualquer sinal de contaminação ou problema de saúde nas vacas.

Pós-*dipping*: após a ordenha, as tetas das vacas são novamente higienizadas por meio do pós-*dipping*. Isso envolve a aplicação de outro desinfetante nas tetas para ajudar a prevenir infecções e manter a saúde das glândulas mamárias. O pós-*dipping* forma uma barreira protetora na superfície das tetas, reduzindo o risco de contaminação entre as ordenhas.

Além dos cuidados com os animais, a manutenção adequada dos equipamentos e utensílios utilizados no processo de ordenha também asseguram a qualidade do leite. Destacamos, abaixo, os cuidados com o equipamento de ordenha:

a) **Limpeza regular:** o equipamento de ordenha mecanizada deve ser limpo e desinfetado regularmente para evitar a contaminação do leite. Isso inclui a limpeza de todos os componentes do equipamento, como os conjuntos de ordenha, os tubos de vácuo e os tanques de armazenamento de leite.

b) **Manutenção adequada:** além da limpeza regular, o equipamento de ordenha também deve ser submetido a manutenção adequada para garantir seu funcionamento eficiente. Isso inclui a substituição de peças desgastadas, a calibração de medidores e a lubrificação de componentes móveis conforme necessário.

c) **Verificação de vazamentos:** é importante verificar regularmente o equipamento de ordenha em busca de vazamentos de vácuo ou de leite. Vazamentos podem comprometer a eficácia da ordenha e aumentar o risco de contaminação do leite.

d) **Treinamento da equipe:** a equipe responsável pela operação do equipamento de ordenha deve receber treinamento adequado sobre como utilizá-lo corretamente e como realizar a limpeza e manutenção adequadas. Isso ajuda a garantir a qualidade e segurança do leite produzido.

Com essas práticas corretas de manejo, é possível melhorar a qualidade higiênico-sanitária do leite e manter o bem-estar dos animais leiteiros.

1.5.6.3 Pós-ordenha

A ordenha é uma etapa fundamental na produção leiteira e deve ser realizada com rigorosos cuidados higiênicos para garantir a qualidade do leite e a saúde do rebanho, como visto anteriormente. Após a ordenha, algumas práticas de manejo devem ser adotadas para minimizar o risco de contaminação e reduzir a incidência de mastite, uma das principais doenças que afetam a produtividade leiteira.

Os tetos dos animais permanecem abertos por no mínimo trinta minutos após a ordenha, tornando-se mais vulneráveis à entrada de patógenos e com isso elevar a incidência de mastite no rebanho. Para minimizar esse risco, recomendamos que os animais sejam alimentados, permitindo que permaneçam em pé por um tempo suficiente para o total fechamento do esfíncter dos tetos.

A limpeza regular das instalações, como salas de ordenha, corredores e áreas de descanso, é essencial para evitar o acúmulo de matéria orgânica e umidade, que favorecem a proliferação de bactérias causadoras da mastite, ou seja, a produção de leite de qualidade depende de múltiplos fatores como apontados anteriormente.

1.6 Distúrbios metabólicos em gado leiteiro: uma visão atualizada[1]

Os distúrbios metabólicos em vacas leiteiras representam um desafio relevante para a produção leiteira moderna, impactando tanto a saúde dos animais quanto a rentabilidade das fazendas. Esses problemas – que incluem fígado gorduroso, edema de úbere, febre do leite, tetania da pastagem, retenção de placenta, metrite, deslocamento do abomaso, acidose ruminal e laminite – são geralmente causados por desequilíbrios nutricionais e manejo inadequado. A compreensão e prevenção desses distúrbios são essenciais para garantir o bem-estar animal e a sustentabilidade econômica das operações leiteiras.

Esta seção tem como objetivo fornecer uma visão abrangente sobre os principais distúrbios metabólicos que afetam o gado leiteiro, descrevendo suas causas, sintomas, métodos de diagnóstico, tratamentos disponíveis e estratégias de prevenção. Além disso, busca ressaltar a importância de práticas de manejo e nutrição adequadas para minimizar a incidência desses problemas, melhorando a saúde e a produtividade do rebanho.

A importância desta seção reside no fato de que os distúrbios metabólicos são uma das principais causas de perdas econômicas na pecuária leiteira. Eles não só reduzem a produção de leite, como também aumentam os custos com tratamentos veterinários e diminuem a eficiência reprodutiva dos animais. Portanto a disseminação de conhecimento atualizado e prático sobre a prevenção e manejo desses distúrbios é crucial para os produtores, veterinários e todos os envolvidos na cadeia produtiva do leite.

1.6.1 Principais doenças metabólicas em gado leiteiro

Os distúrbios metabólicos em gado leiteiro representam um conjunto de doenças que afetam de maneira significativa a saúde e a produtividade dos animais. Esses distúrbios são frequentemente

---

1 Autor: Prof. Dr. André Fukushima.

decorrentes de desequilíbrios nutricionais e práticas inadequadas de manejo, resultando em condições que variam desde a hipocalcemia até a acidose ruminal. A identificação e o tratamento precoce dessas doenças são cruciais para se manter a eficiência produtiva e a viabilidade econômica das operações leiteiras. Neste tópico, serão discutidas as principais doenças metabólicas que acometem o gado leiteiro, incluindo suas causas, sintomas, métodos de diagnóstico e opções de tratamento.

1.6.1.1 Hipocalcemia

A hipocalcemia, também conhecida como febre do leite, é uma condição metabólica que ocorre principalmente em vacas leiteiras de alta produção, geralmente ao redor do período do parto. A fisiopatologia desta doença envolve um complexo desequilíbrio entre a demanda e a disponibilidade de cálcio no organismo da vaca (Hendriks *et al.*, 2020).

Durante a lactação, a produção de leite demanda grandes quantidades de cálcio, um mineral essencial para diversas funções fisiológicas, incluindo a contração muscular e a transmissão de impulsos nervosos. Quando a vaca inicia a produção de leite, a quantidade de cálcio requerida pelo organismo pode aumentar drasticamente, superando a capacidade do animal de mobilizar cálcio dos ossos e aumentar a absorção intestinal de cálcio (Hendriks *et al.*, 2020).

Em condições normais, o paratormônio (PTH) é secretado pelas glândulas paratireoides em resposta à diminuição dos níveis de cálcio no sangue. O PTH atua mobilizando cálcio dos ossos e aumentando a reabsorção renal e a absorção intestinal de cálcio. No entanto, em vacas leiteiras de alta produção, essa resposta pode ser insuficiente para suprir a necessidade imediata de cálcio, resultando em hipocalcemia (Luke *et al.*, 2019).

Quando os níveis de cálcio no sangue caem, ocorre uma série de manifestações clínicas. O cálcio é crucial para a função muscular, incluindo a contração do músculo esquelético e do músculo liso. A deficiência de cálcio leva à fraqueza muscular, tremores e, nos casos mais graves, paralisia. Além disso, a hipocalcemia afeta a função do músculo liso, incluindo o músculo do trato gastrointestinal, resultando em redução da motilidade gastrointestinal e retenção de placenta (Hendriks *et al.*, 2020).

66 | *CRIAÇÃO DE RUMINANTES: UMA ABORDAGEM TEÓRICO-PRÁTICA*

A febre do leite é caracterizada por uma série de sinais clínicos, que incluem fraqueza muscular, perda de apetite, redução da produção de leite e, em casos graves, recumbência (incapacidade de se levantar) e morte. O diagnóstico da hipocalcemia é feito por meio da medição dos níveis de cálcio sérico. Níveis de cálcio inferiores a 8 mg/dL são indicativos de hipocalcemia, enquanto níveis abaixo de 5 mg/dL são considerados graves (Luke *et al.*, 2019).

O tratamento da hipocalcemia envolve a administração imediata de cálcio, geralmente na forma de gluconato de cálcio intravenoso. Em alguns casos, pode ser necessária a suplementação oral de cálcio para prevenir recorrências. Além dos tratamentos de emergência, medidas preventivas são essenciais, incluindo a suplementação adequada de cálcio na dieta e o manejo nutricional para garantir um balanço mineral adequado antes e após o parto (Luke *et al.*, 2019).

A hipocalcemia não só afeta a saúde e o bem-estar das vacas, mas também acarreta significativas perdas financeiras para os produtores. As vacas afetadas pela febre do leite apresentam redução na produção de leite, menor eficiência reprodutiva e maior suscetibilidade a outras doenças, como mastite e retenção de placenta. Os custos associados ao tratamento veterinário, manejo dos animais afetados e perdas de produtividade representam um impacto econômico substancial, tornando a eficaz prevenção e manejo dessa condição uma prioridade na pecuária leiteira (Luke *et al.*, 2019; Hendriks *et al.*, 2020).

1.6.1.2 Cetose

A cetose é um distúrbio metabólico que ocorre em vacas leiteiras, especialmente durante o período de transição, quando há um aumento significativo nas demandas energéticas devido à produção de leite. A fisiopatologia da cetose envolve um complexo desequilíbrio entre a ingestão e a demanda de energia, resultando na mobilização excessiva de reservas de gordura corporal (Wisnieski *et al.*, 2019; McArt e Neves, 2019).

Quando a ingestão de carboidratos, principalmente glicose, é insuficiente para atender às necessidades energéticas do organismo, o corpo começa a mobilizar ácidos graxos do tecido adiposo. Estes ácidos graxos são transportados para o fígado, onde são convertidos em corpos cetônicos – acetoacetato, beta-hidroxibutirato (BHB) e acetona – por meio de um processo chamado cetogênese (McArt e Neves, 2019).

No fígado, os ácidos graxos são inicialmente convertidos em acetil-CoA, que, em condições normais, entra no ciclo do ácido cítrico (ciclo de Krebs) para produzir energia. No entanto, durante períodos de balanço energético negativo, a capacidade do ciclo de Krebs de metabolizar acetil-CoA é saturada, devido à falta de oxaloacetato, um intermediário crucial do ciclo que é derivado da glicose. Como resultado, o excesso de acetil-CoA é desviado para a produção de corpos cetônicos (Wisnieski *et al.*, 2019).

Os corpos cetônicos servem como fontes alternativas de energia, mas sua produção excessiva leva a um acúmulo no sangue, causando cetose. Clinicamente, a cetose é caracterizada por redução na produção de leite, perda de apetite, perda de peso e letargia. Em casos graves, pode levar a outras complicações, como lipomobilização excessiva e fígado gorduroso (Wisnieski *et al.*, 2019).

O diagnóstico da cetose é realizado por meio da medição dos níveis de corpos cetônicos no sangue, leite ou urina, com o beta-hidroxibutirato (BHB) sendo o marcador mais comumente utilizado. Níveis elevados de BHB são indicativos de cetose (McArt e Neves, 2019).

O tratamento da cetose visa restaurar o balanço energético positivo e reduzir a mobilização de gordura. Isso é geralmente feito por meio da administração de glicose intravenosa para fornecer uma fonte imediata de energia e interromper a cetogênese. Além disso, o propilenoglicol é frequentemente administrado oralmente, pois é um precursor da glicose e ajuda a aumentar os níveis de glicose no sangue de maneira mais sustentada (Wisnieski *et al.*, 2019).

A cetose tem um impacto negativo significativo na produção de leite e na eficiência reprodutiva das vacas. Vacas com cetose apresentam menor produção de leite, atraso na concepção e aumento da incidência de outras doenças metabólicas e infecciosas. Além disso, a cetose acarreta perdas financeiras substanciais para os produtores, devido à redução da produtividade, aumento dos custos veterinários e menor eficiência reprodutiva. Portanto, estratégias de manejo nutricional que garantam uma ingestão adequada de energia, especialmente durante o período de

68 | CRIAÇÃO DE RUMINANTES: UMA ABORDAGEM TEÓRICO-PRÁTICA

transição, são cruciais para prevenir a ocorrência de cetose e minimizar seus impactos econômicos (Wisnieski *et al.*, 2019; McArt e Neves, 2019).

1.6.1.3 Acidose ruminal

A acidose ruminal é uma condição metabólica grave que ocorre em vacas leiteiras, resultante do acúmulo excessivo de ácidos no rúmen devido à fermentação rápida de carboidratos. Este distúrbio não só reduz a produção de leite, como também pode causar laminite e, em casos extremos, levar à morte do animal. A fisiopatologia da acidose ruminal envolve um desequilíbrio entre a produção e a absorção de ácidos voláteis no rúmen, resultando em um pH ruminal reduzido e uma série de consequências metabólicas negativas.

Quando vacas leiteiras consomem grandes quantidades de carboidratos fermentáveis, como grãos e outros concentrados, esses carboidratos são rapidamente fermentados pelas bactérias ruminais, produzindo ácidos graxos voláteis (AGVs), principalmente ácidos acético, propiônico e butírico, além de ácido láctico. Sob condições normais, os AGVs são absorvidos pela parede do rúmen e tamponados pelo bicarbonato presente na saliva, mantendo o pH ruminal em torno de 6 a 7. No entanto, a fermentação excessiva de carboidratos leva a uma produção de AGVs que excede a capacidade de absorção e tamponamento do rúmen.

À medida que a produção de ácidos aumenta, o pH ruminal começa a cair. Um pH abaixo de 5,5 indica acidose ruminal subaguda, enquanto um pH abaixo de 5 representa acidose ruminal aguda. A diminuição do pH ruminal altera a composição da microbiota ruminal, favorecendo o crescimento de bactérias produtoras de ácido láctico, como Lactobacillus spp. e Streptococcus bovis. O ácido láctico é um ácido mais forte e menos absorvível que os outros AGVs, o que exacerba ainda mais a acidificação do rúmen.

A redução do pH ruminal tem várias consequências negativas. A integridade da parede ruminal pode ser comprometida, levando à translocação de bactérias e toxinas para a corrente sanguínea e resultando em inflamação sistêmica. Clinicamente, a acidose ruminal se manifesta por redução na ingestão de alimento, diminuição na produção de leite, letargia e desidratação. Em casos graves, a acidose pode causar laminite, uma inflamação dolorosa das lâminas dos cascos, que compromete a locomoção do animal.

O diagnóstico da acidose ruminal é realizado por meio da medição do pH ruminal. Amostras de fluido ruminal podem ser coletadas diretamente do rúmen ou via sonda nasogástrica, e o pH é medido com um pHmetro.

O tratamento da acidose ruminal envolve a correção do pH ruminal e a estabilização da microbiota ruminal. Inicialmente, o tratamento pode incluir a administração de bicarbonato de sódio para tamponar o excesso de ácido e aumentar o pH ruminal. Em casos graves, pode ser necessário o uso de fluidoterapia intravenosa para corrigir a desidratação e os desequilíbrios eletrolíticos. Além disso, ajustes na dieta são essenciais para prevenir recorrências, incluindo a redução da quantidade de carboidratos fermentáveis e a inclusão de forragens de alta qualidade para aumentar a produção de saliva e melhorar o tamponamento ruminal.

A prevenção da acidose ruminal é fundamental e envolve estratégias de manejo alimentar, que incluem a introdução gradual de concentrados na dieta, fornecimento adequado de fibras efetivas para estimular a mastigação e a produção de saliva, e o uso de aditivos alimentares, como ionóforos, que podem ajudar a estabilizar a microbiota ruminal e reduzir a produção de ácido láctico.

A acidose ruminal não apenas impacta a saúde e o bem-estar das vacas, mas também acarreta perdas econômicas significativas para os produtores devido à redução na produção de leite, custos veterinários elevados e aumento das taxas de culling (descarte de animais). Portanto, uma compreensão aprofundada da fisiopatologia e a implementação de práticas de manejo eficazes são cruciais para minimizar a incidência e os impactos dessa condição (Seely *et al.*, 2020).

1.6.1.4 Fígado gorduroso ou síndrome do fígado gordo

O fígado gorduroso, ou síndrome do fígado gordo, é uma condição metabólica que se caracteriza pelo acúmulo excessivo de lipídios no fígado, principalmente triglicerídeos, resultante da mobilização intensiva de gordura corporal durante períodos de balanço energético negativo. Essa condição é frequentemente observada em vacas leiteiras de alta produção, especialmente durante o período de transição, quando a demanda energética para a lactação é elevada e a ingestão de alimentos pode ser insuficiente para atender a essa demanda.

A fisiopatologia do fígado gorduroso envolve um complexo desequilíbrio entre a mobilização de ácidos graxos do tecido adiposo e a capacidade do fígado de oxidar e exportar esses ácidos graxos. Durante períodos de balanço energético negativo, como nas semanas que precedem e sucedem o parto, o organismo da vaca mobiliza gordura das reservas corporais para suprir a falta de energia. Os ácidos graxos liberados do tecido adiposo entram na circulação sanguínea e são transportados para o fígado.

No fígado, os ácidos graxos podem ser utilizados de três maneiras principais: oxidação para produção de energia; reesterificação em triglicerídeos para armazenamento; ou exportação na forma de lipoproteínas de muito baixa densidade (VLDL). Em condições normais, esses processos estão em equilíbrio. No entanto, durante um balanço energético negativo acentuado, a quantidade de ácidos graxos que chega ao fígado pode superar a capacidade do órgão de oxidá-los ou exportá-los. Como resultado, ocorre um acúmulo de triglicerídeos dentro dos hepatócitos, levando à esteatose hepática.

A esteatose hepática compromete a função do fígado, um órgão vital para a metabolização de nutrientes, desintoxicação e produção de proteínas essenciais. O acúmulo de triglicerídeos interfere no metabolismo normal do fígado e pode resultar em uma série de problemas metabólicos e inflamatórios. Além disso, o fígado gorduroso reduz a capacidade do fígado de produzir glicose e outras substâncias essenciais para a homeostase energética, agravando ainda mais o estado de balanço energético negativo.

Clinicamente, o fígado gorduroso se manifesta por uma redução significativa na produção de leite, problemas reprodutivos, como falhas na concepção e aumento no intervalo entre partos, e maior suscetibilidade a outras doenças metabólicas e infecciosas. O diagnóstico do fígado gorduroso é geralmente realizado por biópsia hepática, que permite a observação direta do acúmulo de gordura no fígado, e pela medição de enzimas hepáticas no sangue, como a aspartato-aminotransferase (AST) e a alanina-aminotransferase (ALT), cujos níveis elevados são indicativos de lesão hepática.

A prevenção do fígado gorduroso envolve estratégias de manejo nutricional destinadas a minimizar o balanço energético negativo. Isso inclui a formulação de dietas que forneçam energia suficiente, especialmente durante o período de transição, o uso de suplementos que promovam a saúde hepática e a mobilização adequada de gordura, e o monitoramento contínuo da condição corporal das vacas para detectar precocemente sinais de perda excessiva de peso. Além disso, práticas de manejo que reduzam o estresse e promovam o bem-estar animal são essenciais para prevenir a ocorrência de fígado gorduroso.

A síndrome do fígado gorduroso tem impactos econômicos significativos, uma vez que afeta diretamente a produtividade e a saúde reprodutiva das vacas. As perdas financeiras resultam da redução na produção de leite, dos custos associados aos tratamentos veterinários e da necessidade de descarte de animais severamente afetados. Portanto, a implementação de estratégias preventivas e de manejo adequado é crucial para mitigar os efeitos dessa condição e garantir a sustentabilidade das operações leiteiras (Zhang *et al.*, 2022).

1.6.1.5 Tetania de pastagens

A tetania da pastagem, também conhecida como hipomagnesemia, é uma condição metabólica grave que ocorre em ruminantes, particularmente em vacas leiteiras, devido à deficiência de magnésio no sangue. Essa deficiência é frequentemente causada por uma ingestão inadequada de magnésio ou pela absorção insuficiente desse mineral, especialmente quando as vacas consomem pastagens de crescimento rápido, como as encontradas na primavera e no outono. Pastos ricos em potássio e nitrogênio tendem a ser pobres em magnésio, contribuindo para o desenvolvimento da doença.

A fisiopatologia da tetania da pastagem envolve um desequilíbrio entre a ingestão e a absorção de magnésio. O magnésio é essencial para a função neuromuscular e para diversas reações enzimáticas no organismo. Nos ruminantes, a maior parte do magnésio é absorvida no rúmen e retículo, e sua absorção depende de um equilíbrio adequado entre magnésio e outros minerais, como potássio e cálcio. Quando a ingestão de magnésio é insuficiente ou sua absorção é prejudicada, os níveis séricos de magnésio caem. Essa hipomagnesemia interfere na função do sistema nervoso central e periférico, levando a uma excitabilidade neuromuscular excessiva.

A baixa concentração de magnésio no sangue resulta em despolarização das membranas das células nervosas, aumentando a liberação de acetilcolina nas sinapses neuromusculares. Esse aumento de acetilcolina provoca hiperexcitabilidade e espasmos musculares. Clinicamente, a tetania da pastagem se manifesta por tremores musculares, espasmos, ataxia (incoordenação), comportamento agressivo, convulsões e, eventualmente, morte. Nos estágios iniciais, os animais podem apresentar sinais de nervosismo, hipersensibilidade a estímulos externos e dificuldade em se levantar. À medida que a condição progride, os espasmos musculares se intensificam, levando a convulsões severas e paralisia. Sem intervenção, a morte pode ocorrer rapidamente, devido à insuficiência respiratória e exaustão.

O diagnóstico da tetania da pastagem é realizado por meio da medição dos níveis de magnésio no sangue. Níveis séricos de magnésio abaixo de 1,8 mg/dL são indicativos de hipomagnesemia. Além disso, a história de pastagem recente e os sintomas clínicos característicos ajudam a confirmar o diagnóstico. O tratamento deve ser imediato, devido à natureza aguda e potencialmente fatal da doença. A administração intravenosa de soluções contendo magnésio, como sulfato de magnésio, é o tratamento de escolha para restaurar rapidamente os níveis de magnésio no sangue e aliviar os sintomas neuromusculares. Em alguns casos, pode ser necessário combinar magnésio com cálcio para estabilizar o paciente, especialmente se houver suspeita de hipo--calcemia concomitante. Além do tratamento intravenoso, suplementação oral de magnésio pode ser utilizada para prevenir recorrências.

A prevenção da tetania da pastagem envolve a suplementação adequada de magnésio na dieta das vacas, especialmente durante períodos de alto risco, como a primavera e o outono. Isso pode ser feito por meio de suplementos minerais, blocos de sal enriquecidos com magnésio ou a aplicação de fertilizantes de magnésio nas pastagens. Além disso, a monitoração regular dos níveis de magnésio no sangue e a avaliação da qualidade das pastagens são essenciais para prevenir a hipomagnesemia.

A tetania da pastagem não apenas compromete a saúde e o bem-estar dos animais, como também acarreta perdas econômicas significativas para os produtores, devido à redução na produção de leite, aumento dos custos veterinários e a potencial perda de animais. Portanto, a implementação de estratégias preventivas e a gestão adequada da nutrição mineral são cruciais para minimizar os impactos dessa condição e garantir a sustentabilidade das operações leiteiras (Gross *et al.*, 2019; Mekonnen *et al.*, 2022).

1.6.2 Diagnóstico das doenças metabólicas

O diagnóstico de doenças metabólicas em gado leiteiro é um processo multifacetado que envolve exames laboratoriais detalhados, observação clínica e monitoramento contínuo. A precisão no diagnóstico é crucial para o manejo efetivo e a prevenção dessas condições, garantindo a saúde dos animais e a rentabilidade da produção. A seguir, é detalhado o processo diagnóstico para cada uma das principais doenças metabólicas abordadas nesta seção.

1.6.2.1 Hipocalcemia (febre do leite)

O diagnóstico da hipocalcemia é baseado na medição dos níveis séricos de cálcio. Níveis de cálcio abaixo de 8 mg/dL indicam hipocalcemia subclínica, enquanto valores inferiores a 5 mg/dL são considerados graves e clinicamente significativos. Além da medição do cálcio sérico, a observação de sinais clínicos como fraqueza muscular, tremores, diminuição na produção de leite e, em casos graves, incapacidade de se levantar, são fundamentais para um diagnóstico preciso. A resposta rápida ao tratamento com cálcio intravenoso também pode confirmar o diagnóstico.

1.6.2.2 Cetose

O diagnóstico da cetose é realizado por meio da medição dos níveis de corpos cetônicos, especialmente beta-hidroxibutirato (BHB), no sangue, leite ou urina. Níveis de BHB acima de 1,2 mmol/L no sangue indicam cetose subclínica, enquanto níveis superiores a 3,0 mmol/L são indicativos de cetose clínica. Testes de urina e leite, que detectam acetona e acetoacetato, também são utilizados como métodos diagnósticos rápidos. A presença de sintomas clínicos – como perda de apetite, redução na produção de leite, perda de peso e letargia –, juntamente com os resultados laboratoriais, confirma o diagnóstico.

1.6.2.3 Acidose ruminal

O diagnóstico da acidose ruminal envolve a medição do pH ruminal. Para obter amostras de fluido ruminal, pode-se utilizar uma sonda nasogástrica ou realizar uma ruminocentese. Um pH ruminal abaixo de 5,5 sugere acidose subaguda, enquanto valores abaixo de 5 indicam acidose aguda. Além do pH, a observação clínica de sintomas como redução na ingestão de alimentos, diarreia, diminuição na produção de leite, letargia e, em casos graves, sinais de laminite, são indicadores importantes. O monitoramento contínuo da dieta e a análise da consistência das fezes também ajudam na detecção precoce.

1.6.2.4 Fígado gorduroso (síndrome do fígado gordo)

O diagnóstico do fígado gorduroso é realizado principalmente por meio de biópsia hepática, que permite a visualização direta do acúmulo de gordura nos hepatócitos. Adicionalmente, a medição de enzimas hepáticas no sangue, como a aspartato-aminotransferase (AST) e a alanina-aminotransferase (ALT), cujos níveis elevados indicam lesão hepática, é crucial. A presença de sintomas como redução na produção de leite, perda de apetite, letargia e problemas reprodutivos também é considerada no diagnóstico. A ultrassonografia hepática pode ser utilizada como uma técnica não invasiva para avaliar a presença de esteatose hepática.

1.6.2.5 Tetania da pastagem

O diagnóstico da tetania da pastagem é realizado por meio da medição dos níveis séricos de magnésio. Níveis abaixo de 1,8 mg/dL são indicativos de hipomagnesemia. A observação de sintomas clínicos como tremores musculares, espasmos, ataxia, comportamento agressivo, convulsões e, eventualmente, morte é crucial para a confirmação do diagnóstico. A história de pastagem recente e a avaliação da qualidade da pastagem, especialmente em relação ao conteúdo de magnésio, também são importantes para o diagnóstico preciso.

Alguns aspectos são fundamentais para que o sistema possa se manter viável, do ponto de vista econômico, como o monitoramento contínuo. Além dos métodos diagnósticos específicos para cada condição, é essencial o monitoramento regular da condição corporal e da ingestão alimentar dos animais. O monitoramento da condição corporal ajuda a identificar precocemente mudanças no estado nutricional e energético dos animais. A avaliação da ingestão alimentar, incluindo a qualidade e quantidade da dieta, é fundamental para detectar potenciais desequilíbrios que possam predispor os animais a distúrbios metabólicos. Exames laboratoriais regulares, como perfis metabólicos, que incluem medições de cálcio, magnésio, corpos cetônicos e enzimas hepáticas, são recomendados para a detecção precoce e a prevenção de doenças metabólicas (Gross *et al.*, 2019).

Os distúrbios metabólicos em vacas leiteiras causam perdas econômicas significativas, impactando diretamente a rentabilidade das fazendas. Estas perdas são resultantes de diversos fatores, incluindo a redução da produção de leite, aumento dos custos com tratamentos veterinários, e diminuição da eficiência reprodutiva. Além disso, os animais afetados frequentemente apresentam menor longevidade produtiva, o que leva a um aumento na taxa de descarte e na necessidade de reposição do rebanho.

Durante os primeiros 60 dias de lactação, as vacas estão particularmente vulneráveis a uma série de distúrbios metabólicos. Cetose, deslocamento de abomaso, laminite, mastite, metrite, retenção de placenta e distocia são algumas das condições mais comuns e economicamente devastadoras. Esses distúrbios não apenas afetam a saúde e o bem-estar dos animais, como também resultam em significativas perdas de produção de leite. Por exemplo, a cetose pode reduzir a produção de leite em até 15%, enquanto o deslocamento de abomaso pode resultar em uma perda de produção que varia de 39 kg (no caso da laminite) a 682 kg (no caso do deslocamento de abomaso), equivalendo a perdas econômicas de US\$ 5,8 a US\$ 103,7 por vaca, respectivamente (Mekonnen *et al.*, 2022).

Além das perdas diretas na produção de leite, os distúrbios metabólicos aumentam os custos operacionais das fazendas. Os tratamentos veterinários para condições como hipocalcemia, cetose e acidose ruminal envolvem custos significativos com medicamentos, consultas veterinárias e cuidados adicionais. Por exemplo, o tratamento de um caso de cetose pode incluir a administração de glicose intravenosa e propilenoglicol, além de possíveis intervenções dietéticas e de manejo que demandam tempo e recursos adicionais.

A eficiência reprodutiva também é gravemente afetada por distúrbios metabólicos. Vacas com cetose, por exemplo, apresentam maior risco de falhas na concepção, aumentam o intervalo entre partos e têm uma maior incidência de metrite e retenção de placenta, que são condições que complicam ainda mais a eficiência reprodutiva. A redução na eficiência reprodutiva resulta em um menor número de bezerros por ano e, consequentemente, em uma menor renovação do rebanho, o que afeta negativamente a produtividade a longo prazo.

Outro aspecto importante é a longevidade produtiva das vacas afetadas. Animais que sofrem de distúrbios metabólicos graves frequentemente são descartados prematuramente, o que significa que a fazenda precisa investir na compra de novilhas para reposição. Isso aumenta significativamente os custos de produção, uma vez que o custo de criar ou comprar uma novilha é substancial.

As implicações econômicas dos distúrbios metabólicos também se estendem à qualidade do leite produzido. Animais afetados por condições como mastite e acidose ruminal produzem leite de qualidade inferior, com menores teores de gordura e proteína, o que pode levar a penalidades de preço no mercado. Além disso, a presença de resíduos de medicamentos no leite devido ao tratamento de doenças metabólicas pode resultar em perdas adicionais, caso o leite precise ser descartado.

Portanto, os distúrbios metabólicos em vacas leiteiras não só impactam a saúde e bem-estar dos animais, como também resultam em perdas econômicas substanciais. A redução na produção de leite, os elevados custos com tratamentos veterinários, a diminuição da eficiência reprodutiva e a necessidade de reposição de animais descartados prematuramente são fatores que contribuem para a redução da rentabilidade das fazendas leiteiras. Portanto, a prevenção e o manejo eficaz desses distúrbios são essenciais para garantir a sustentabilidade econômica das operações leiteiras (Mekonnen *et al.*, 2022).

1.6.3 Manejo do rebanho nos distúrbios metabólicos

O manejo adequado do rebanho é fundamental para prevenir e mitigar os distúrbios metabólicos em vacas leiteiras, sendo uma das principais estratégias para garantir a saúde dos animais e a rentabilidade das fazendas. A nutrição balanceada é um aspecto crucial desse manejo, com dietas formuladas para atender às necessidades nutricionais específicas das vacas, especialmente durante os períodos de transição, como o pré-parto e o início da lactação. Durante esses períodos, as vacas enfrentam um aumento significativo na demanda energética e nutricional, o que torna essencial a suplementação adequada de minerais como cálcio e magnésio, bem como o fornecimento de energia suficiente para evitar condições como cetose (Caixeta, 2021).

Uma dieta balanceada deve incluir a quantidade correta de fibras, carboidratos e proteínas, ajustada de acordo com o estágio de lactação e a condição corporal das vacas. A inclusão de forragens de alta qualidade, juntamente com concentrados cuidadosamente dosados, pode ajudar a manter a saúde ruminal e prevenir distúrbios como a acidose ruminal. A utilização de aditivos alimentares, como tamponantes e probióticos, também pode contribuir para a estabilidade do pH ruminal e a saúde geral do trato digestivo.

O monitoramento contínuo da saúde metabólica das vacas é outro componente essencial do manejo adequado do rebanho. Programas regulares de monitoramento que detectem precocemente sinais de distúrbios metabólicos são fundamentais. Isso inclui a medição dos níveis séricos de cálcio, magnésio, corpos cetônicos e pH ruminal. Além disso, a observação de mudanças no comportamento e na condição corporal dos animais pode fornecer indicações valiosas sobre a saúde metabólica. O monitoramento regular permite intervenções rápidas e direcionadas, prevenindo a progressão de distúrbios metabólicos e reduzindo os impactos negativos na saúde dos animais e na produção de leite (Gross *et al.*, 2019).

Minimizar fatores de estresse é igualmente importante na preven-ção de distúrbios metabólicos. Mudanças abruptas na dieta, manejo inadequado e ambientes estressantes podem aumentar a suscetibilidade das vacas a condições metabólicas adversas. Proporcionar um ambiente confortável e consistente para as vacas, com acesso a água limpa, camas adequadas e manejo gentil, pode reduzir significativamente o estresse e melhorar a saúde geral do rebanho. Estratégias de manejo do estresse também incluem práticas como a redução de competições por alimento e espaço, manejo adequado de novilhas e minimização de procedimen-tos dolorosos ou invasivos (Sundrum, 2015).

A capacitação da equipe de manejo é outra peça-chave para o sucesso na prevenção de distúrbios metabólicos. Treinar os trabalhado-res da fazenda para reconhecer os primeiros sinais de distúrbios meta-bólicos e implementar práticas de manejo apropriadas pode melhorar significativamente a saúde do rebanho. Isso inclui a educação sobre a importância da nutrição balanceada, a identificação precoce de sintomas clínicos e a implementação de intervenções nutricionais e médicas. Uma equipe bem treinada pode fazer a diferença na identificação precoce e no tratamento eficaz dos distúrbios metabólicos, contribuindo para a sustentabilidade econômica da operação leiteira (Tufarelli *et al.*, 2024).

Quadro 1.2 - Doenças metabólicas em gado leiteiro

Doença	Aspectos principais para o gado leiteiro	Questões metabólicas	Sintomas	Diagnóstico	Tratamento	Perda econômica	Conclusão	Referência
Hipocalcemia (febre do leite)	Redução de cálcio sérico após o parto.	Baixa absorção de cálcio.	Tremores, fraqueza, queda.	Exames de sangue: cálcio sérico < 2,0 mmol/L.	Administração de cálcio intravenoso.	Redução da produção de leite, custos com tratamento.	Prevenção com dieta balanceada e suplementação.	Hendriks *et al.*, 2020. DOI: 10.3168/jds.2019-18111.
Cetose	Déficit energético pós-parto.	Mobilização excessiva de gordura corporal.	Perda de apetite, perda de peso.	Exames de sangue e urina: corpos cetônicos > 1,2 mmol/L.	Administração de glicose e insulina.	Redução da produção de leite, custos com tratamento.	Monitoramento e ajustes na dieta.	McArt *et al.*, 2019. DOI: 10.3168/jds.2019-17191.
Acidose ruminal	Dieta rica em carboidratos facilmente fermentáveis.	Produção excessiva de ácidos graxos voláteis.	Diarreia, desconforto abdominal.	Análise do conteúdo do rúmen: pH do rúmen < 5.5.	Correção da dieta, uso de tamponantes.	Redução da produção de leite, mortalidade.	Prevenção com manejo alimentar adequado.	Plaizier *et al.*, 2008. DOI: 10.1093/jas/skz209.
Fígado gorduroso (síndrome do fígado gordo)	Acúmulo de gordura no fígado após o parto.	Mobilização excessiva de gordura corporal.	Perda de apetite, letargia.	Exames de sangue: AST > 100 UI/L; GGT > 35 UI/L.	Dieta equilibrada e suplementação.	Redução da produção de leite, custos com tratamento.	Dieta balanceada e controle da mobilização de gordura.	Bobe *et al.*, 2004. DOI: 10.3168/jds.2020-19344.
Tetania da pastagem.	Deficiência de magnésio em pastagens jovens.	Baixa absorção de magnésio.	Espasmos musculares, convulsões.	Exames de sangue: magnésio sérico < 0,8 mmol/L.	Suplementação de magnésio.	Redução da produção de leite, mortalidade.	Suplementação preventiva de magnésio.	Goff *et al.*, 2008. DOI: 10.3168/jds.2019-17268.

Fonte: elaborado pelo autor.

Os distúrbios metabólicos em animais com aptidão para produção de leite consistem em um problema complexo que requer uma abordagem multiescala para a compreensão e prevenção eficazes. Condições como hipocalcemia, cetose, acidose ruminal, fígado gorduroso e tetania da pastagem apresentam diferentes graus de tratabilidade e impactam negativamente a produção leiteira e a eficiência reprodutiva dos animais. O diagnóstico precoce e a implementação de estratégias nutricionais e de manejo são cruciais para a prevenção e mitigação desses problemas, garantindo assim a sustentabilidade econômica das operações leiteiras. A integração de nutrição balanceada, monitoramento contínuo, minimização de estresse e capacitação da equipe de manejo forma a base de um programa eficaz de prevenção de distúrbios metabólicos, promovendo a saúde e a produtividade do rebanho.

CAPÍTULO 2.
ANIMAIS COM APTIDÃO PARA CORTE

2.1 Mercado da carne

A pecuária é uma atividade com características econômicas diferenciadas do setor industrial e comercial. Apresenta riscos econômicos, tendo em vista a sua dependência em relação a fatores climáticos, ao tempo em que as criações permanecem no campo sem o retorno esperado, às dificuldades de comercialização, bem como à instabilidade (volatilidade) e dúvidas a respeito dos preços de mercado. Essas características fazem dessa atividade, em certos momentos, um jogo de incertezas de elevado risco financeiro.

Tais particularidades se devem a vários fatores, tais como: a variação do ciclo de produção da vaca ao boi gordo; a existência de diversas categorias, com pesos e valores diferentes no mercado comercial; o rateamento dos custos fixos entre as diferentes categorias; a dinâmica da movimentação dos animais na propriedade ao longo do ano e o gerenciamento empírico de muitas propriedades.

Existe uma grande preocupação em se otimizarem os sistemas de produção, tornando-os cada vez mais sustentável do ponto de vista econômico e ambiental, sem se esquecer de aspectos ligados ao bem-estar animal, importantíssimos para o mercado consumidor. De forma geral, a cadeia da carne passou por profundas reestruturações desde o início dos anos 1990, quando ocorreu a abertura comercial. Os pecuaristas sempre administraram suas propriedades de forma arcaica, ou seja, não existia uma preocupação em melhorar os seus sistemas de gestão, e com a abertura comercial a cadeia, como um todo, foi forçada a procurar alternativas para se tornar competitiva.

Em um primeiro momento, o setor produtivo implementou novas tecnologias, buscando, com isso, uma maior eficiência no sistema de produção, que culminou em aumento de produtividade. Posteriormente, em função de exigências dos consumidores nacionais e internacionais, buscou-se a excelência na qualidade do produto ofertado, por meio de melhoramento no padrão genético, manejo, nutrição, bem-estar animal, entre outros.

O Brasil melhorou muito seu sistema de produção em todos os sentidos, apesar de ainda existir uma parcela de produtores rurais que se encontra estagnada. Com relação a essa constatação, é possível inferir que parte desses produtores se encontra descapitalizada, e parte se mantém alheia a todas as mudanças ocorridas no setor de produção/comercialização de bovinos de corte.

Desde a Crise da Vaca Louca, ocorrida na Europa no início dos anos 2000, o Brasil vem ganhando espaço no mercado de carnes mundial – atualmente ocupa a primeira posição no ranking global de maior exportador de carne bovina, e sempre se posicionando entre os quatro maiores exportadores do complexo carnes (frangos, suínos).

Tabela 2.1 - Exportações mundiais e brasileiras de carnes

	Carnes: exportações mundiais e brasileiras						
	Preliminar 2022 – tendência para 2023 – MIL TONELADAS						
CARNE	TOTAL MUNDIAL			BRASIL			Participação brasileira no total mundial (tendência 2023)
	2022	2023	VAR.	2022	2023	VAR.	
Bovina	12.166	12.195	0,24%	2.89	3.00	3,52%	24,60%
Frango	13.554	13.995	3,25%	4.44	4.56	2,59%	32,58%
Suína	10.869	10.735	-1,2%	1.31	1.37	3,87%	12,76%
Total	36.589	36.925	0,92%	8.66	8.93	3.09%	24,18%

Fonte: adaptado pelo autor tendo como referência AVISITE (site: https://www.avisite.com.br/exportacao-de--carnes-em-2023-crescimento-mundial-inferior-a-1-no-brasil-mais-de-3/#gsc.tab=0).

Pode-se observar, na Tabela 2.1, que o Brasil responde atualmente por aproximadamente 24% das exportações mundiais de carne bovina, o que evidencia a importância deste segmento para o país.

Estes dados corroboram para a importância de manter elevados os padrões de produção de carne bovina, bem como propor sistemas de melhora constante, pois os padrões de qualidade dos consumidores estão cada vez maiores, forçando a cadeia da pecuária a se modernizar periodicamente.

De 2019 a 2023, o Brasil manteve uma produção estável e robusta de carne bovina. A produção anual variou entre 9,5 e 10 milhões de toneladas de equivalente carcaça. Esse nível de produção tem sido sustentado por vastas pastagens, inovações em manejo pecuário e programas de melhoramento genético, que aumentaram a eficiência do rebanho bovino. Segundo o Mapa, durante esse período os volumes exportados e os valores recebidos em dólares impactaram positivamente toda a cadeia produtiva e, por conseguinte, o Brasil. Em 2019, o país exportou aproximadamente 2 milhões de toneladas (gerando US$ 7,5 bilhões). Esses valores não pararam de crescer durante a pandemia, chegando, em 2023, a 2,2 milhões de toneladas exportadas (faturamento US$ 12,6 bilhões), um crescimento de mais de 68% no período.

O aumento constante nos valores recebidos com as exportações reflete tanto o aumento dos preços internacionais da carne bovina quanto a crescente demanda por carne de alta qualidade em mercados como China, Estados Unidos e países da União Europeia.

2.2 Sistemas de produção aplicados à produção de carne

Existem basicamente três tipos de sistemas de produção que podem ser aplicados a qualquer modelo produtivo: extensivo, semi-intensivo e intensivo – cada um com particularidades, bem como vantagens e limitações.

Segundo pesquisadores do CEPEA (ESALQ/USP), a produção de carne bovina foi recorde em 2023. A divulgação de dados, ainda preliminares, do IBGE sobre os abates em 2023 confirma a percepção de oferta acima da demanda ao longo do ano, fator que determinou o comportamento predominantemente em queda dos preços do boi e da carne no atacado ao longo do ano passado.

Segundo dados preliminares do IBGE, foram produzidos 8,91 milhões de toneladas, 11,2% a mais que em 2022 e 8,6% acima do recorde anterior, obtido em 2019. Em termos absolutos, o volume de carne aumentou em 900 mil toneladas frente a 2022, ao passo que a exportação foi ampliada em apenas 22,8 mil toneladas (para 2,29 milhões de toneladas) – absorveu 25,7% da produção nacional.

De modo geral, os sistemas já apresentados anteriormente (no Capítulo 1) conceitualmente são idênticos, cabendo agora apenas algumas diferenciações ou mesmo particularidades da cadeia da carne, a saber:

2.2.1 Sistema extensivo

Caracterizado pelo baixo emprego de tecnologia, aqui os animais são mantidos exclusivamente a pasto, somente com uma mistura mineral pobre. Destacamos ainda outras características:

a) Baixo investimento em instalações.

b) Baixa qualidade do animal produzido.

c) Ausência de manejos sanitários.

d) Ausência de planejamento alimentar para períodos de estiagem.

e) Elevado índice de mortalidade.

f) Utilização de animais não especializados.

g) Ausência de assistência técnica, entre outras.

h) Baixa rentabilidade.

2.2.2 Sistema semi-intensivo

Produtores passam a adotar manejos mais adequados e efetivamente controlam seus rebanhos. Existe um planejamento para períodos de escassez de alimentos, e é adotada tecnologia nas diferentes áreas, como reprodução, nutrição, sanidade, entre outros.

2.2.3 Sistema intensivo:

Produtores utilizam métodos de criação voltados para a máxima eficiência na produção de carne, em que os animais são mantidos em confinamento ou áreas restritas e recebem alimentação balanceada, com o objetivo de acelerar o ganho de peso. Esses sistemas utilizam tecnologias como suplementação nutricional, manejo controlado e monitoramento periódico dos indicadores zootécnicos, maximizando a produtividade com redução de espaço e tempo. Eles são frequentemente utilizados para atender a demandas de mercados exigentes e que buscam melhor qualidade da carne.

Quanto aos sistemas empregados na produção de carne no Brasil, pode-se inferir que a maioria dos produtores utiliza sistemas extensivos e semi-intensivos em suas propriedades.

Importante entender que a escolha do sistema de produção irá impactar a escolha das demais estruturas a serem implementadas nas propriedades rurais, porém convém destacar que as instalações podem ser readequadas em função da necessidade, o que não impede a criação propriamente dita.

Nos sistemas de produção intensivos, podemos trabalhar com diferentes ambientes de produção, a saber: sistema de produção intensivo a pasto e sistema de produção intensivo confinado. A seguir, iremos abordar algumas características de cada um deles.

2.2.3.1 Sistema intensivo a pasto

O Brasil, com toda a sua extensão e clima tropical, permite que, em grande parte do ano, possamos manter nossos animais sob pastejo. De maneira geral, isso reduz bastante os chamados custos com alimentação, uma vez que o próprio animal busca seu alimento, eliminado os gastos com o fornecimento de ração no cocho, sendo esse, o maior custo de produção nos confinamentos. Outro aspecto que também impacta é o menor custo com mão de obra, visto que há uma facilidade maior de manejo e eliminam-se encargos de funcionários destinados à alimentação do rebanho.

O segredo para o sucesso de sistemas de produção intensivos a pasto é o planejamento em todas as etapas, desde o dimensionamento dos piquetes, manejo correto das pastagens e, principalmente, ajuste de carga animal por área (taxa de lotação), que deve ser periódico e estimado nas diferentes épocas do ano (seca e chuvas). Outro ponto primordial diz respeito à correta adubação e tratos de culturas das gramíneas utilizadas, permitindo, com isso, a longevidade das áreas utilizadas.

O correto manejo de pastagens é complexo e leva em consideração múltiplos fatores, como características edafoclimáticas da região onde a propriedade se localiza, tipo de forragem empregada, nível de nutrientes no solo, taxa de reposição desses nutrientes, carga animal, categoria animal que utilizará tal volumoso, bem como época do ano. Ou seja, o correto manejo de pastagens demanda, normalmente, a contratação de consultoria especializada.

Uma prática que vem ganhando espaço nos sistemas produtivos é o rotacionamento de pastagens, prática que requer planejamento e infraestrutura adequada, com investimento elevado, mas amplamente positivo, se pensarmos em uma relação custo-benefício. Destacaremos, a seguir, alguns pontos importantes sobre esse manejo

A estratégia de rotacionar a pastagem é uma prática essencial para o manejo sustentável e eficiente de rebanhos de bovinos, bubalinos, caprinos e ovinos de corte. Esse sistema envolve a divisão da área de pastagem em vários piquetes menores e o revezamento dos animais entre eles. Com isso, é possível ter, ao mesmo tempo, um elevado consumo de forragem e a recuperação das plantas, melhorando a qualidade do pasto e aumentando a produtividade da terra.

Fatores que impactam de maneira direta a estrutura

Para proceder à divisão em piquetes, deve-se levar em consideração o período de descanso e o período de ocupação da área pelos animais, O período de descanso é fisiológico da planta, e deve-se atentar que as plantas produzem mais no verão e primavera que no inverno e outono. Portanto, devem-se contemplar, no mínimo, duas capacidades de suporte: uma para o período seco do ano e outra para o período chuvoso.

O tamanho de cada piquete deve ser determinado com base na capacidade de suporte do solo, na espécie de gramínea e na densidade do rebanho. O objetivo é que cada piquete sustente o gado por um período específico (período de ocupação), de maneira a permitir o consumo adequado de forragem, sem promover sobrepastejo nem subpastejo.

Os animais devem ser mantidos em cada piquete por um período relativamente curto (3 a 7 dias, em média, dependendo da taxa de crescimento do pasto e da época do ano). Após a retirada dos animais, cada piquete deve ter um período de descanso suficiente para permitir a recuperação do pasto (esse tempo depende de cada espécie forrageira e da época do ano – seca ou águas –, podendo variar de 23 a 45 dias).

Existe vasta literatura sobre o momento em que devemos retirar os animais do pasto. Como referência, pode-se adotar o tempo em que a planta chegue ao mínimo de 15 centímetros acima do solo, permitindo que ela tenha capacidade de rebrota preservada, sem comprometer a longevidade da pastagem.

Um aspecto importante é que o rotacionamento ajuda a manter a diversidade de espécies de plantas, promovendo um pasto mais nutritivo e resistente a pragas e doenças – a planta saudável resiste mais a ataques de pragas como a cigarrinha-das-pastagens, por exemplo, entre outras.

2.2.3.2 Sistema intensivo em ambiente confinado

O confinamento de animais tem como principal objetivo aumentar a produtividade média por unidade de área, aumentando assim a rentabilidade do sistema. Convém destacar que o investimento em tecnologia é elevado e se faz necessário planejamento adequado, antes do início das atividades produtivas.

88 | CRIAÇÃO DE RUMINANTES: UMA ABORDAGEM TEÓRICO-PRÁTICA

Cabe, também, destacar que os custos de produção são muito mais elevados que os apresentados em sistemas a pasto, sendo necessário uma avaliação da viabilidade de se implementar o projeto.

O sistema em ambiente confinado apresenta as seguintes características:

a) Animais recebem toda a sua alimentação no cocho (volumoso e concentrado.

b) Elevado investimento em instalações.

c) Animais com alto potencial genético (animais melhorados).

d) Produção em escala.

e) Utilização de alta tecnologia (nutrição, sanidade, bem-estar).

f) Necessidade de mão de obra especializada.

O Brasil, como o maior exportador de carne bovina do mundo, precisou se adequar às práticas intensivas de produção animal. O confinamento, na maioria das vezes, é empregado no país somente para dar acabamento às carcaças de animais mantidos em pasto e que eventualmente não atingiram peso de abate.

Existem dois tipos de confinamento: a céu aberto e em ambiente coberto. Cada um com suas particularidades, vantagens e desvantagens, dependendo de fatores como investimento, padrão genético dos animais, idade, sexo, entre outros, para viabilizar tal manejo.

O confinamento a céu aberto geralmente requer um investimento inicial menor em infraestrutura. As instalações incluem cercas, bebedouros, comedouros e pisos de terra ou pavimentados, sem a necessidade de coberturas complexas. Embora seja mais barato, ainda é necessário investir em sistemas de alimentação e manejo de dejetos, além de estruturas básicas para abrigar os animais, permitindo, assim, promover o bem-estar dos animais confinados. A época em que normalmente os animais são confinados no Brasil é o período de maio a novembro, período em que ocorre menor pluviosidade.

Já o confinamento coberto apresenta investimento inicial maior, tendo em vista o elevado custo com a cobertura. Fato é que o ambiente coberto se destina à produção de animais todos os meses do ano, independentemente da época (seca ou chuvas). Essa prática tem sido utilizada pelos criadores que precisam entregar animais padronizados todos os meses do ano. Outro aspecto que força a cobertura dos confinamentos diz respeito à genética dos animais que deverão ser confinados: sabe-se que animais de sangue taurino necessitam de ambiente mais controlado, demandando, assim, tal infraestrutura.

Podemos elaborar um comparativo entre os dois sistemas para facilitar o entendimento:

a) **Investimento Inicial:** no confinamento a céu aberto, é menor, e a infraestrutura é básica. Já o coberto demanda elevado investimento e emprego de tecnologia de ponta.

b) **Genética animais:** no confinamento a céu aberto, a genética é adaptada a elevadas temperaturas (raças zebuínas), ao passo que coberto é indicado para raças europeias (taurinas).

c) **Rentabilidade:** no confinamento a céu aberto, os custos operacionais são menores. Em contrapartida, confinamentos cobertos dependem de alta tecnologia; com isso, promovem elevação nos chamados custos operacionais, achatando a margem de lucro líquido por unidade animal.

A escolha entre confinamento a céu aberto ou coberto depende das condições específicas da propriedade, dos recursos disponíveis e dos objetivos de produção. Confinamentos a céu aberto são mais econômicos inicialmente e podem ser uma boa opção para regiões com clima favorável e genética adaptada. Por outro lado, ambientes cobertos exigem maior investimento inicial, mas oferecem maior controle sobre as condições de criação, resultando em maior produtividade e potencialmente maior rentabilidade em longo prazo.

2.3 Dimensionamento do rebanho

O dimensionamento dos rebanhos de corte deve levar em consideração aspectos como tamanho da propriedade, infraestrutura, tipo de pastagem (cultivada ou nativa), equipamentos, mão de obra, genética a ser empregada, entre outros.

Quando levamos em consideração animais de grande porte (bovinos e bubalinos), existe a necessidade de propriedades com tamanho maior. Muitos técnicos acabam adotando como medida-padrão o chamado módulo produtivo mínimo. Essa medida acaba sendo subjetiva, pois depende de múltiplos fatores, principalmente a real necessidade financeira de cada produtor, o que impossibilita generalizar esta situação.

Para se chegar a um tamanho aproximado, deve-se levar em consideração os custos anuais totais da propriedade, estabelecer uma lucratividade média e, a partir desses valores, estabelecer padrão produtivo. Podemos assegurar que, na maioria das vezes, torna-se inviável para pequenos produtores trabalhar com animais de corte (bovinos e bubalinos) em pequena escala.

No caso de animais de pequeno porte, como ovinos e caprinos, a situação acaba sendo melhor, pois a necessidade de grandes áreas é pequena. Com isso, é possível, mesmo em pequenas áreas, explorar a criação destas duas espécies. Isso vem sendo evidenciado com o crescente aumento dos criadores dedicados a elas. Associado a isso, temos um mercado consumidor que demanda cada vez mais produtos advindos destes animais.

Vamos apresentar um exemplo prático para facilitar o entendimento, lembrando que os valores aqui apresentados são meramente ilustrativos, e que, para o dimensionamento de um rebanho de animais de corte, faz-se necessário um levantamento mais completo da propriedade em questão. Dito isso, vamos aos dados:

Considere que um produtor rural procura você com o objetivo de elaborar um projeto para sua propriedade entregar 300 animais gordos por ano (machos e fêmeas), pesando em média 16@ e idade máxima de 36 meses.

Indicadores:

Taxa de natalidade (Tx Nat) = 75%

Mortalidade (Mort) = 5% (durante todo o período)

Taxa de reposição (Tx Rep) = 15% (ao ano)

GPD (médio) = 0,6 kg/dia

Dimensionando o rebanho:

Calculando o número necessário de matrizes

Núm. bez. nascidos/ano = número bois gordos/(Tx Nat x (1 – Tx. Mort))

Num bez. nasc./ano = 300/(0,75 x (1 – 0,05)

Num bez. nasc./ano = 300/0,7125

Num bez. nasc./ano = 421 cabeças

Número matrizes = Núm. bez. nasc./ano /Tx. Nat

Número matrizes = 421/0,75

Número matrizes = 561 fêmeas

Dimensionar o rebanho total

Considerar:

Taxa reposição = 15% aa, portanto

Tx. Reposição = 561 x 0,15 = 22 animais

Touros = 4% das matrizes, portanto

561 x 0,04 = 22 touros

Bezerros nascidos = 421

Bovinos em crescimento (1 a 3 anos) = 300 por ano

Total = 300 x 3 = 900 animais em engoda

Tabela 2.2 - Composição do rebanho para 300 animais gordos por ano

Categoria	Número de animais
Matriz	561
Novilhas	84
Touros	22
Bezerros	421
Recria e engorda	900
Total	**1.988**

Fonte: Elaborado pelo autor.

> **Observação:** é fundamental destacar a importância do planejamento para que todo o sistema funcione de maneira adequada. E, como dito anteriormente, o exemplo acima foi meramente ilustrativo, apenas para o entendimento e aplicação das fórmulas.

2.4 Melhoramento aplicado a pecuária: gado de corte

A criação de animais de corte no Brasil é considerada uma das maiores do mundo. Atualmente, o país possui mais de 214 milhões de cabeças, sendo que a maioria dos animais produzidos é destinada à produção de carne. O Brasil, desde o ano de 2005, consolidou-se como um dos maiores produtores e exportadores de carne bovina do mundo, sendo o segundo maior produtor, perdendo apenas para os Estados Unidos, liderando o ranking mundial de exportação desta proteína (CNA, 2019).

2.4.1 Bovinos de corte

De acordo com a FAO (2015), cerca uma em cada nove pessoas no mundo não tem comida para se manter alimentada. As projeções de crescimento populacional apontam para que, em 2050, tenhamos mais de 9,5 bilhões pessoas no planeta, o que eleva a demanda por alimentos, porém a expansão áreas agricultáveis está limitada a poucos países, localizados principalmente na América Latina e África (FAO, 2015).

Na América Latina, o Brasil se mantém como um grande produtor de alimentos (de origem vegetal e animal), apresentando ainda potencial para aumentar a oferta destas proteínas (FAO, 2015).

A produção brasileira de carne é basicamente a partir de pastagens tropicais. Dados de pesquisa apontam que mais de 85% dos animais abatidos no país foram manejados estritamente sob pastejo. No aspecto produtivo, existe tecnologia (nutricional, sanitária e de manejos em geral) que permite antecipar a idade de abate dos animais dos atuais 48 meses de vida para algo em torno de 30 meses de idade.

A demanda por alimentos impacta de maneira direta todo o sistema agroindustrial da carne brasileira, exigindo adequações produtivas a cada safra. O melhoramento genético animal (MGA), juntamente com boas práticas produtivas e ambientais, vem permitindo ganhos em eficiência, atendendo assim, a parte das demandas geradas pelo crescimento populacional.

O melhoramento dos sistemas de produção pode ser obtido por meio de mudanças tanto de ordem ambiental (alterando por exemplo a alimentação, sanidade e utilizando técnicas reprodutivas melhores e mais modernas) quanto genética. O melhoramento do ambiente produtivo normalmente é rápido e de elevado custo, porém o MGA é um investimento de longo prazo, considerado mais eficiente (Queiroz, 2012). Convém destacar que parte dos produtores rurais não tem acesso ao MGA, principalmente por falta de recursos financeiros necessários tanto para as adaptações ambientais quanto para aquisição do componente genético propriamente dito.

Como nos demais programas de MGA, na criação de animais de corte buscam-se selecionar características de maior interesse econômico. Desta forma, destaca-se de maior importância econômica:

a) **Peso ao desmame (PD):** medida aos 205 dias de idade do animal, servindo de parâmetro para avaliar a genética do bezerro, bem como os efeitos maternos (ajuda na estimativa da habilidade materna).

b) **Ganho de peso aos 345 dias (GP):** esta medida evidencia a capacidade que o animal tem de ganhar peso, permitindo, assim, identificar animais que apresentam precocidade de terminação.

c) **Idade ao primeiro parto (IPP):** medida nas fêmeas, esta característica indica precocidade reprodutiva, que, dentro da maioria dos programas de MGA, é de suma importância para reduzir o intervalo entre gerações, potencializando assim o progresso genético.

d) **Circunferência escrotal (CE):** avaliada nos machos a partir da idade ao sobreano, esta característica tem correlação genética positiva em relação ao crescimento dos filhos desse reprodutor. Animais que apresentam maior circunferência escrotal produzem filhas mais precoces e filhos que produzem espermatozoides em idade reduzida.

e) **Ganho de peso (GP):** característica muito valorizada na bovinocultura de corte, pois animais que apresentam velocidade de crescimento normalmente precisam de menos dias para atingir peso de abate, bem como peso pra entrada em reprodução.

O programa de MGA de gado de corte objetiva melhoria no componente genético, porém, como nos demais programas, é fundamental lembrar que a melhoria ambiental deve acontecer concomitantemente.

De maneira bem simplificada, um programa de melhoramento genético em bovinos de corte deve atender às seguintes etapas:

a) **Definição de objetivos de seleção:** os produtores devem atentar para esta etapa, pois é a partir daí que toda a estratégia do programa será definida. Convém salientar que os objetivos devem levar em consideração as tendências de mercado, pois o MGA deve atender às expectativas dos consumidores de carne, como maciez, suculência, palatabilidade, além do sistema de produção em que os animais serão manejados.

b) **Definição das ferramentas do MGA:** os produtores, em conjunto com a equipe técnica, devem identificar quais ferramentas precisam ser implementadas. Esta etapa permite elaborar os parâmetros coletados nos animais, como as medidas de desempenho ponderal (peso de nascimento, peso de desmame, peso ao sobreano, ganho de peso, entre outras), observação visual (padrão racial, proporções, aprumos), medidas avançadas (estimativas de conversão alimentar, ultrassom, marmoreio).

c) **Definição dos critérios de seleção e descarte tanto para progenitores quanto para suas progênies:** o estabelecimento de um padrão de aceitabilidade nos níveis produtivos e reprodutivos é muito importante, pois é com base nesses critérios que será realizada a escolha dos futuros reprodutores, bem como o descarte de animais que não se enquadram. Convém destacar que esses critérios devem estar alinhados com os objetivos de seleção.

d) **Separação dos grupos contemporâneos:** importante separar os animais por época de nascimento, para que as comparações possam ser realizadas de maneira correta. É válido salientar que as comparações devem ser feitas somente entre animais que pertencem ao mesmo grupo genético e que foram criados em sistema idênticos, eliminando, assim, o efeito de ambiente.

e) **Avaliação genética dos animais:** nesta etapa, é possível estimar o valor genético dos animais sob seleção, na criação de gado de corte (bovinos, caprinos e ovinos). Essa avaliação será indicada pela DEP (diferença esperada na progênie) e publicada nos sumários de touros de cada programa.

f) **Acasalamentos:** após a escolha dos futuros reprodutores da geração seguinte, deve-se estabelecer a estação de monta, lembrando que o controle dos animais continua se fazendo importante, e devem-se evitar acasalamentos endogâmicos.

2.4.2 Melhoramento caprinos e ovinos de corte

Assim como para as outras espécies de interesse econômico, os caprinos e ovinos de corte apresentam peculiaridades que devem ser levadas em consideração ao se pleitear a implantação de melhoria genética para ambas as espécies – como, por exemplo, grande parte do efetivo rebanho se encontrar no Nordeste brasileiro, uma região de clima muito seco (caatinga) e sistemas de produção caracterizados pelo baixo emprego de tecnologia (Silva *et al.*, 2020).

O rebanho de caprinos e ovinos no Brasil é caracterizado por apresentar como principal característica a rusticidade (animais muito adaptados à presença de ecto e endoparasitas, tolerância a elevadas temperaturas, pastagens nativas) e baixa capacidade produtiva (baixo ganho de peso, elevadas taxas de mortalidade, baixa taxa de fertilidade, baixo rendimento de carcaça, pouca marmorização, entre outros), o que torna desafiador a implementação de MGA nestas espécies.

Ainda existem diferenças nos sistemas de produção brasileiro, sendo que a maioria dos animais criados no Nordeste provém da chamada criação de subsistência, com baixo empego de tecnologia e fornecimento de carcaças de baixa qualidade. Ao passo que animais produzidos nas regiões Sul e Sudeste se apresentam inseridos em sistemas semi-intensivos ou mesmo intensivos, com a utilização raças melhoradas geneticamente, normalmente exóticas, produzindo carcaças com melhor acabamento e rendimento, direcionados para um consumidor mais exigente (mercado *gourmet*), possibilitando melhor remuneração, e gerando mais estímulos aos criadores.

De maneira geral, as preocupações descritas nos programas de melhoramento genético de bovinos de corte devem ser seguidas na seleção de caprinos e ovinos de corte também. Ou seja, os critérios de seleção de machos e fêmeas devem ser aqui implementados da mesma forma e com o mesmo rigor, porém levando-se em consideração que o ambiente produtivo será diferente, o que impacta os resultados.

De acordo com Silva *et al.* (2020 p. 4), "[...] as tendências para o mercado ovinos e caprinos são promissoras, a demanda de carne nos países em desenvolvimento vem sendo impulsionada pelo crescimento demográfico, pela urbanização e pelas variações das preferências e dos hábitos alimentares dos consumidores. Dessa forma, estima-se um crescimento anual de 2,1% na produção de carne ovinacaprina, registrando-se essa elevação principalmente em países em desenvolvimento [...]".

O Brasil pode se beneficiar dessa crescente demanda por carne de pequenos ruminantes, tanto no mercado interno quanto no externo, bastando apenas se atentar para a necessidade de melhoria na qualidade do produto ofertado.

A Embrapa Caprinos e Ovinos iniciou, no ano de 2005, o seu Programa de Melhoramento Genético Caprinos e Ovinos de Corte (GENECOC), que busca assegurar que os criadores animais provados possam melhorar a cadeia da carne e pele destas duas espécies.

O sistema de gerenciamento de rebanho (SGR) permite que qualquer produtor possa se cadastrar ao programa e fazer a gestão das informações de seus animais a partir de um software com linguagem simplificada, alimentando, assim, um banco de dados PostgreSQL (banco de dados livre).

Os pesquisadores da Embrapa estimam a DEP dos animais cadastrados no Programa GENECOC, disponibilizando aos criadores orientações de como proceder à escolha de futuros reprodutores pensando em melhorias nos rebanhos locais.

O mercado de carnes caprinas e ovinas se encontra em expansão, tendo em vista a crescente demanda por carnes rotuladas como "exóticas" e que até bem pouco tempo atrás eram pouco conhecidas do grande público consumidor. A crescente "gourmetização" do mercado de carnes, associada à busca por produtos de qualidade, vem permitindo que programas de MG ofertem produtos diferenciados e com valor agregado, estimulando maior participação dos criadores.

2.5 Manejo alimentar e sanitário

2.5.1 Manejo alimentar

Existe uma preocupação em relação ao quanto a deficiência alimentar associada a um baixo controle e ecto e endoparasitas pode acarretar de prejuízos em um sistema de produção animal. A alimentação adequada, associada a um bom manejo sanitário, é fundamental para a saúde e produtividade desses animais, impactando diretamente a eficiência econômica e a sustentabilidade da produção pecuária. Lembrando que o resultado econômico depende de outros fatores, como ambiência, genética, qualidade da mão de obra, entre outros, mas o fato é que um bom manejo alimentar e sanitário ajuda a melhorar o desempenho global da produção.

Na produção de animais de corte, considerar a saúde como prioridade é essencial para certificar a alta qualidade de carne e dos subprodutos. Dessa forma, a aplicação do controle sanitário e de medidas preventivas e curativas atuam em destaque na cadeia produtiva, uma vez que promovem a segurança alimentar e o bem-estar animal.

CRIAÇÃO DE RUMINANTES: UMA ABORDAGEM TEÓRICO-PRÁTICA

Para facilitar o entendimento, vamos dividir em fases ou ciclos de produção a criação de animais de corte, a saber: fase de cria (ou inicial), fase de recria (ou intermediária) e fase de engorda (ou terminação).

2.5.1.1 Fase de cria

A fase de cria, como em todas as outras espécies, é a que mais atenção exige por parte dos criadores, tendo em vista que os neonatos são extremamente dependentes das mães e do ambiente produtivo a que são submetidos. O ideal é que se estabeleçam metas para serem alcançadas a cada fase. Adotaremos como meta prioritária da fase de cria desmamar mais quilogramas de bezerro por vaca parida por hectare por ano. Existem outros indicadores, porém este é bastante funcional, pois levamos em consideração, além da taxa de desmame, o peso ao desmame.

Outro aspecto a se considerar diz respeito ao porte dos animais. Na Tabela 2.3, constam os pesos iniciais de cada espécie tratada aqui.

Tabela 2.3 - Peso ao nascimento e desmame de ruminantes

Espécie	Peso ao nascimento (PN)	Peso ao desmame (PD)
Bovinos	30 a 40 kg	160 a 220 kg
Bubalinos	30 a 40 kg	160 a 220 kg
Caprinos	2,5 a 3 kg	8 a 10 kg
Ovinos	2,5 a 3 kg	8 a 10 kg

Fonte: elaborado pelo autor.

Didaticamente iremos considerar a fase de cria do nascimento até o desmame dos animais, que dependendo do manejo adotado pode durar de 4 a 7 meses.

Todo sistema de produção animal é avaliado por meio de indicadores produtivos e econômicos, além dos indicadores ambientais e sociais. Adotaremos, nesta abordagem, um parâmetro que particularmente acreditamos ser o melhor. Vamos utilizar a chamada taxa de desfrute para avaliar nosso sistema.

A taxa de desfrute é obtida a partir da equação descrita por Chakter, (2004).

O parto de animais de produção normalmente ocorre nos chamados pastos ou piquetes maternidade, que devem apresentar as seguintes características: ser plano, não permitir o acúmulo de água (ou seja, evitar terrenos denominados charcos ou brejos), apresentar bebedouros de fácil acesso, sombreamento e locais onde as fêmeas possam se abrigar em dias chuvosos, bem como ser de fácil acesso para que os animais possam ser acompanhados durante e após a parição.

Figura 2.1 - Foto de pasto (ou piquete) maternidade

Fonte: foto de autor desconhecido licenciada em CC BY-ND.

As fêmeas devem ser conduzidas a esse pasto pelo menos 20 dias antes da data provável de parição, para que possam se adaptar ao local, e devem ser monitoradas pelo menos uma vez ao dia. Os funcionários devem ser treinados para realizar algumas práticas de ordem sanitária logo após o nascimento, lembrando que os animais devem ser manejados no pasto, evitando o deslocamento para o curral, pois isso acarretaria risco aos neonatos.

Assim que possível, de maneira rápida, os funcionários devem pesar os recém-nascidos e proceder à cura do umbigo (com uma solução de álcool iodado – 5% a 10%) por 4 dias consecutivos. Dados de literatura apontam mortalidade acima de 15% quando não se procede à cura adequada do umbigo, bem como acarreta atraso no desenvolvimento dos animais. A literatura aponta ainda que serão necessários mais atendimentos veterinários ao longo da vida e, consequentemente, mais gastos com medicamentos.

Figura 2.2 - Desinfecção do umbigo (no detalhe, aplicador de solução de álcool iodado)

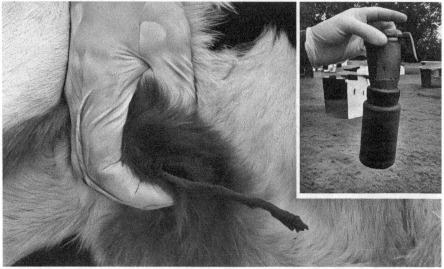

Fonte: acervo do autor.

A alimentação é um dos pilares da eficiência produtiva, tendo em vista que esses animais nascem ruminantes não funcionais, portanto é primordial favorecer algumas práticas de manejo que visem incremento no ganho de peso médio dos animais ao longo de toda a lactação

Nos primeiros trinta dias de nascido, os bezerros e suas mães devem ser mantidos com o máximo de tranquilidade – isso permite que as fêmeas amamentem seus filhotes de maneira adequada. Convém lembrar que os animais devem ser monitorados periodicamente, porém devendo-se evitar movimentações desnecessárias. Outro aspecto a ser levado em consideração diz respeito ao piquete de pastejo, que deve apresentar pouca declividade, sombreado, com água fresca e de fácil acesso. O ideal é utilizar pastagens cultivadas e de alto valor nutricional.

As fêmeas devem receber mistura de minerais e vitaminas balanceadas, para que não apresentem carências nutricionais e, com isso, mantenham nível de produção leiteira e escore de condição corporal compatível com o período em questão.

> **Observação:** para caprinos e ovinos é comum, além da mistura mineral, incluir alimentos concentrados (milho, sorgo, farelo de soja, entre outros), visando manutenção do escore corporal, tendo em vista que são comuns partos gemelares nestas duas espécies, o que ocasiona sobrecarga nas fêmeas.

O desenvolvimento dos animais está diretamente associado a vários fatores, que vão desde a quantidade de leite ofertado pelas mães até a existência de ectoparasitas (carrapato, mosca dos chifres, bernes), doenças, entre outros, dificultando o ganho de peso diário dos animais. Podem-se destacar algumas estratégias para melhorar a eficiência. Nós trabalhamos com uma estratégia que busca aumento no ganho de peso diário (GPD), desmame mais pesado e aumento nos índices de fertilidade (retorno ao cio) das fêmeas potencializando assim a taxa de desfrute do rebanho acompanhado.

A seguir, descrevemos a estratégia citada acima de maneira clara e objetiva para que possa ser replicada.

1) Primeiro mês após o parto: manter os animais (mães e crias) em uma pastagem de excelente qualidade fornecendo uma mistura de minerais e vitaminas equilibrada para fêmeas em lactação. Nesse período, os animais não devem ser levados ao curral, devem permanecer no pasto, a menos que seja necessária alguma intervenção. Deve-se realizar a observação dos animais avaliando o escore corporal das fêmeas e o crescimento dos bezerros, bem como a cura do umbigo. Outra prática primordial diz respeito à utilização do *creep feeding*[2] a partir da primeira semana de vida.

2) Segundo mês em diante: manter o *creep feeding* e associar ao manejo de mamada controlada[3], o que permite melhora no

---

2 *Creep feeding*: estratégia de fornecimento de alimento concentrado e balanceado para os filhotes em cocho (ou local) privativo, permitindo apenas a entrada dos animais jovens, sem a presença das mães.

3 Mamada controlada: os animais são separados de suas mães pela manhã, permanecem no pasto (ou curral) recebendo alimentação volumosa e concentrada, enquanto as fêmeas seguem para outra pastagem, onde permanecerão o dia todo, retornado para suas crias no final do dia.

escore de condição corporal das fêmeas e favorece o retorno ao cio, o que aumenta a taxa de fertilidade e, consequentemente, a taxa de prenhez, contribuindo para aumento na taxa de desfrute da propriedade. Importante destacar que esta prática de manejo, além de favorecer o retorno ao cio, também adapta os filhotes à alimentação sólida e contribui também para o desmame, reduzindo a dependência do leite materno, permitindo maior integração entre os filhotes e, por fim, auxiliando no desmame.

3) Desmame:

a) Animais de grande porte (bovinos e bubalinos): os animais devem estar plenamente adaptados à alimentação sólida para se proceder ao desmame, e a um consumo mínimo de 0,5 kg de ração (creep) por dia, além do pasto de qualidade. Caso os animais estejam sendo alimentados apenas com o pasto mais uma mistura de minerais e vitaminas, levar em consideração o seu peso vivo (evitar desmamar animais com menos de 140 kg de peso vivo).

b) Animais de pequeno porte (caprinos e ovinos): normalmente, para desmamar animais de pequeno porte, levam-se em consideração dois fatores: apresentar no mínimo 2 a 2,5 vezes o peso de nascimento e o consumo mínimo de 100 a 150 g de ração (creep) por dia.

É importante lembrar que a fase de cria é uma fase em que os animais estão em início de desenvolvimento, o que demanda cuidados redobrados com eles, para se evitar o aumento na mortalidade e ter como meta principal elevar a quantidade de quilos de animais desmamado por hectare por matriz por ano, contribuindo para a elevação da taxa de desfrute da propriedade.

2.5.1.2 Fase de recria

A fase de recria, no Brasil, normalmente se dá em pastagens, por ser mais barata – além das condições climáticas favoráveis que nosso país tem. Infelizmente grande parte dos produtores não considera pasto como cultura e, na maioria das vezes, não procede às práticas de correção do solo, e tratos culturais que permitam maior produtividade por área. Ainda perdura, em grande parte das propriedades, a chamada pastagem nativa, o que acarreta taxas de lotação inferiores a 0,7 UA (unidade animal[4]) por hectare.

Nesta fase, temos dois objetivos bem claros, dependendo da finalidade dos animais que estão sendo produzidos, a saber: produção de fêmeas de reposição; ou animais para engorda e posterior abate. Destacamos, a seguir, as estratégias mais indicadas para cada tipo de categoria.

2.5.1.2.1 Produção fêmeas para reposição

É sabido que todos os sistemas produtivos devem ser melhorados a cada ciclo. Não é diferente com animais de corte Devemos estabelecer critérios para reposição de fêmeas do rebanho principal, levando em consideração os custos de reposição, necessidade de evolução genética e crescimento planejado da produção ao longo dos anos.

Em média, animais de grande porte (bovinos e bubalinos) têm uma vida produtiva de aproximadamente 10 a 15 anos, dependendo das condições em que esses animais foram mantidos, que são particulares de cada propriedade. O que é possível inferir é que, quanto maiores os cuidados ao longo da vida, mais longevos serão os animais. Ao passo que animais de pequeno porte (caprinos e ovinos) têm vida útil de aproximadamente 5 a 8 anos, em média, também dependendo das condições em que foram mantidos ao longo da vida.

Aspectos como bem-estar animal fazem muita diferença nesses valores de vida útil. A literatura aponta para ganhos em eficiência da ordem de 30 a 50% a mais de produtividade média nos animais manejados corretamente.

Para esta categoria de fêmeas de reposição, os aspectos listados anteriormente no Capítulo 1 são indicados aqui também, pois o maior objetivo para com estes animais e colocá-las logo em reprodução.

Convém destacar que a entrada em reprodução para rebanhos de corte é tardia quando comparada à utilizada em rebanhos com aptidão

---

4 Unidade animal (UA): representa 450 kg de peso vivo de animais, independentemente da espécie ou mesmo categoria desses animais.

104 | *CRIAÇÃO DE RUMINANTES: UMA ABORDAGEM TEÓRICO-PRÁTICA*

leiteira. Também vale a ressalva de que esses pesos sofrem forte influência das condições em que os animais estão sendo mantidos, ou seja, animais criados em ambientes piores levarão mais tempo para entrar em reprodução, ao passo que animais mantidos em situações ideias antecipam a vida reprodutiva. Esses valores podem ser observados na Tabela 2.4:

Tabela 2.4 - Recomendações de peso médio de entrada em reprodução de animais de corte

Nível nutricional	Peso recomendado (% do peso animal adulto – PA)	Peso médio (kg)
Ótimo	50%-55% do PA	250-275 kg
Bom (adequado)	60%-70% do PA	300-400 kg
Inadequado (animais leves)	75%-80% do PA	375-400 kg

Fonte: adaptado de Paulino (1999).

Observa-se, na Tabela 2.4, que a entrada dos animais em reprodução depende da condição corporal delas. Isso se dá em função do desgaste das matrizes ao longo da gestação e lactação, muitas vezes deixando-as com baixo escore de condição corporal ao desmame, acarretando atrasos na próxima estação de monta e aumentado a taxa de fêmeas vazias no rebanho, sendo esses alguns dos maiores fatores de descarte de fêmeas.

Para que a propriedade alcance a eficiência produtiva planejada, ela depende da eficiência reprodutiva do rebanho, e esta, da condição nutricional. Entretanto o planejamento prévio é primordial.

Atuam de maneira direta na eficiência reprodutiva: a identificação dos animais, índice de fertilidade, índice de natalidade e índice de mortalidade, entre outros, que devem ser buscados. A seleção de matrizes e reprodutores inicia de fato todos os preparos para a estação de monta (EM). Assim, recomenda-se que os reprodutores e matrizes:

a) Apresentem boa condição corporal e resistência durante a EM.

b) Sejam harmônicos dentro do padrão da raça e sem defeitos adquiridos.

c) Apesentem aprumos adequados e desenvolvimento acima da média para a idade (característica de alta herdabilidade).

d) Tenham sistema mamário bem inserido (fêmeas) e elevada circunferência escrotal (machos).

e) Boa libido para os machos e elevada habilidade maternal para as fêmeas.

Além da seleção inicial dos animais que entrarão em, a adequada relação macho-fêmea garante maiores chances de fertilidade, desde que os reprodutores sejam comprovados via exame andrológico e estejam dentro dos critérios já citados, dependendo da escolha da estratégia de acasalamento.

Iremos exemplificar duas maneiras bastante convencionais de se programar a vida reprodutiva dos animais de reposição, tomando por base dois grupos genéticos amplamente criados no Brasil: o grupo dos animais de sangue zebuíno (p. ex., raça Nelore) e o grupo de animais taurinos (p. ex., Aberdeen Angus), bem como o cruzamento destas raças para ganhos em heterose genética.

2.5.1.2.2 Estratégia para primeiro parto aos 24 meses de vida

Esta é uma estratégia bastante desejada por produtores tecnificados, pois tem como premissa estruturar todos os manejos desde o nascimento dos animais até o primeiro parto aos 24 meses.

Fatores genéticos associados a fatores ambientais são muito importantes para que essa prática funcione, pois os animais serão manejados de maneira a permitir um ganho de peso diário ao longo de cada fase de sua vida.

Durante a fase de recria, essas fêmeas devem atingir, , em média, até a entrada em estação de monta[5], pelo menos 50% a 65% do peso de um animal adulto.

Vamos pegar como exemplo um lote de fêmeas que desmamou com peso médio de 200 kg e devem atingir pelo menos 290 kg para entrar em

---

5 Estação de monta: período do ano em que irão ocorrer os acasalamentos (ou inseminação artificial) dos animais, tendo como um dos principais objetivos racionalizar (ou mesmo organizar) os nascimentos, desmames e engorda dos animais em lotes mais homogêneos.

106 | CRIAÇÃO DE RUMINANTES: UMA ABORDAGEM TEÓRICO-PRÁTICA

estação de monta. Considerando a desmama tradicional (7 meses) e o entoure aos 15 meses, em média, essas fêmeas devem ganhar 0,38 kg por dia – o que, a priori, parece relativamente simples, mas não se esqueça de que, após o desmame, os animais dependem de alimento sendo suplementado nos meses de seca. Com isso, a melhor estratégia é a utilização de misturas múltiplas (concentrados energéticos e proteicos) ao longo de todo o período de recria, bem como uma forragem de alta qualidade para promover ganhos compatíveis com sua necessidade.

Figura 2.3 - Padrão de crescimento de novilhas cruzadas de corte

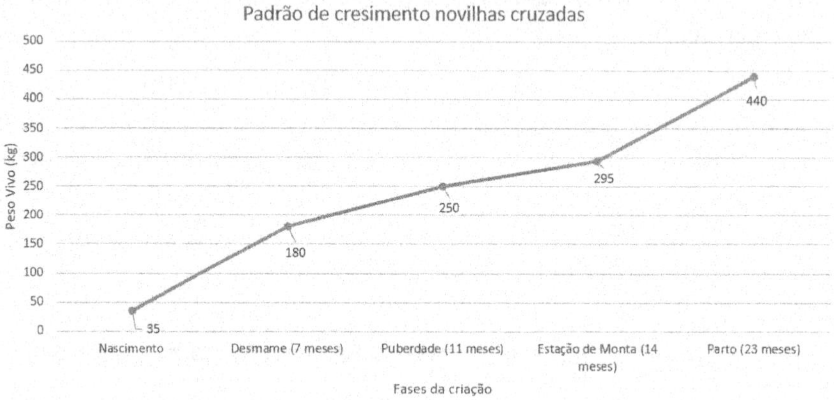

Fonte: elaborado pelo autor.

2.5.1.2.3 Estratégia para primeiro parto aos 36 meses de vida

Esta é uma estratégia muito comum entre os produtores menos tecnificados, pois tem como premissa estruturar todos os manejos desde o nascimento dos animais até o primeiro parto a partir de 36 meses.

Da mesma forma que o exemplo anterior, os fatores genéticos associados a fatores ambientais são muito importantes para que esta prática funcione, porém, nesse caso, os produtores terão um tempo muito maior para atingirem suas metas.

Durante a fase de recria, essas fêmeas devem atingir, em média, até a entrada em estação de monta, pelo menos 60% a 80% do peso de um animal adulto.

Vamos pegar como exemplo um lote de fêmeas que desmamou com peso médio de 180 kg e deve atingir pelo menos 350 kg para entrar em estação de monta. Considerando a desmama tradicional (7 meses) e o entoure aos 27 meses, em média, essas fêmeas devem ganhar 0,28 kg por dia – o que, a priori, parece relativamente simples, mas não se esqueça de que, após o desmame, os animais dependem de alimento sendo suplementado nos meses de seca. Neste caso, os animais permanecem nessa fase por 20 meses antes da entrada em reprodução. Com isso, a melhor estratégia é a utilização de misturas múltiplas (concentrados proteicos) ao longo de todo o período de seca, bem como uma forragem de alta qualidade para promover ganhos compatíveis com sua necessidade.

Figura 2.4 - Padrão de desenvolvimento de novilhas de corte

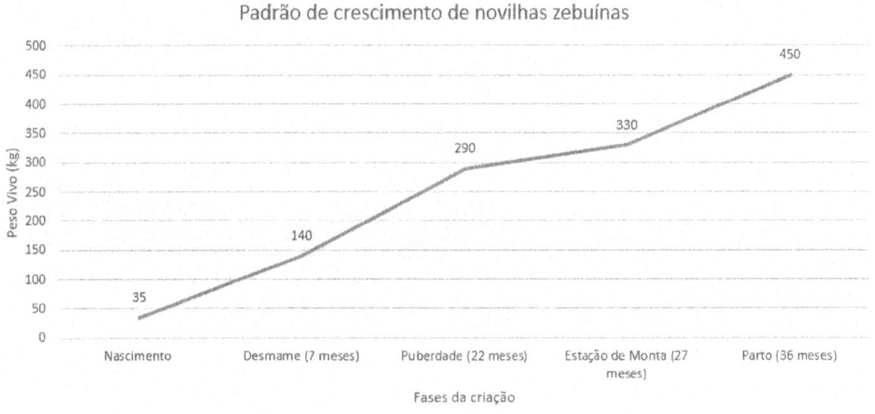

Fonte: elaborado pelo autor.

Os cuidados com as matrizes gestantes, principalmente no terço final da gestação – fase de maior crescimento fetal –, garantem um parto sadio. Reduzido índice de mortalidade à desmama: definido pelo número de crias que vem à óbito frente aos nascidos, até a desmama.

A condição corporal da fêmea no final da gestação e parto propicia maior produção de leite pelas matrizes e reduz as chances de estresse nutricional, que acarretaria maior rejeição das crias nascidas.

A literatura é conclusiva em afirmar que, quando submetidos a adequado manejo alimentar, os animais apresentam adequada condição corporal, maior taxa de ovulação, que proporciona maior prolificidade

2.5.1.2.4 Produção animais para abate

Da mesma forma que produzir fêmeas para reposição exige planejamento e programação para que os animais possam desempenhar o máximo de seu potencial genético, a produção de animais para o abate necessita de programação ao longo dos meses do ano, levando em consideração que grande parte dos animais de corte no Brasil é abatida com mais de 4,5 anos de idade, produzindo carne de baixo valor agregado e, com isso, a oferta carne barata no mercado global.

É importante destacar que o Brasil tem tradição na exportação de bovinos, desde 2005. Desde a Crise da Vaca Louca, na Europa, o país vem galgando posição de destaque no mercado global de carne; porém, com caprinos e ovinos, a produção mal atende o mercado interno.

Segundo o Mapa (2024), o Brasil exportou um recorde de mais de 25 milhões de toneladas de carne bovina em 2023, representando um aumento de 8,15% em relação a 2022. As exportações brasileiras de carne bovina devem crescer acima da média mundial em 2023. O Departamento de Agricultura dos Estados Unidos (USDA) estima que a indústria nacional comercialize no exterior 3,5% a mais do que o volume de 2022, que foi de 2,345 milhões de toneladas. Para o USDA, exportações globais como um todo crescerão somente 0,5% (GEPEC, 2024).

Na fase de recria, o principal objetivo é produzir maior quantidade de quilogramas de bezerros por hectare por ano. O intervalo de tempo de recria vai do desmame até os animais atingirem entre 350 kg e 400 kg de peso vivo. Para isso, fazem-se necessárias inúmeras práticas de manejo, que vão desde a suplementação com misturas múltiplas até semiconfinamento ou mesmo confinamento de animais para potencializar GPD nas épocas mais secas do ano, evitando que eles percam peso.

Na Figura 2.5, apresentamos um exemplo de programação de GPD para animais em crescimento e engorda, evidenciando uma estratégia para abater animais com média de 2,5 anos de idade.

Figura 2.5 - Exemplo de metas de produção de bovinos de corte

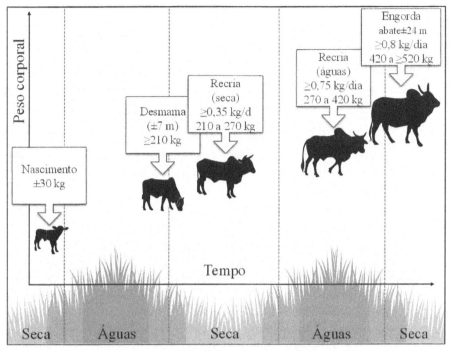

Fonte: Barbeiro et al. 2021 (https://www.scielo.br/j/cab/a/GzSvKgfT4jRCMYqS7jb8rCg/?lang=pt#).

Muitas vezes o produtor rural se preocupa em fornecer somente a suplementação de minerais e vitaminas nos meses mais secos do ano, por ter um entendimento equivocado de que somente quando as pastagens secam é que os animais irão precisar de nutrientes. Porém cabe a ressalva de que as pastagens, de maneira geral, no Brasil são mantidas em solos pobres e desprovidos de nutrientes. Com isso, a planta que irá crescer nesse solo também será pobre em nutrientes – ou seja, partindo desta afirmação, fica clara a real necessidade de suplementar os animais ao longo de todos os meses do ano. Vamos abordar de maneira sucinta algumas informações sobre tipos de suplementação passíveis de serem utilizados.

A suplementação na fase de recria é fundamental para garantir que os animais atinjam o potencial genético de ganho de peso. Os principais tipos de suplementação incluem:

a) **Suplementação de mineral e vitaminas:** essencial para corrigir deficiências de minerais na dieta, entre eles cálcio, fósforo e magnésio, e traços de elementos como zinco, cobre e selênio. Estes são vitais para o crescimento ósseo e muscular, para assegurar a saúde e crescimento adequados, além de melhorar a imunidade, bem como manutenção das funções metabólicas.

b) **Suplementação energética:** normalmente fornecida por meio de grãos (milho, sorgo) ou subprodutos (polpa cítrica), ajuda a suprir a demanda energética dos animais, especialmente em períodos de baixa disponibilidade de pasto.

c) **Suplementação proteica:** utiliza fontes de proteína como farelo de soja, farelo de algodão, ureia, entre outros, para fornecer proteína, essencial para o desenvolvimento muscular e ganho de peso. A suplementação proteica é particularmente importante em pastos de baixa qualidade, como é o caso da grande maioria das pastagens brasileiras.

d) **Misturas múltiplas:** passaram a ser muito utilizadas e são fomentadas pela Embrapa por consistirem em uma maneira mais barata de fornecer fontes de minerais, vitaminas, alimentos energéticos ou proteicos. Com seu consumo em torno de 200 g a 300 g por cabeça dia, esta estratégia, apesar de econômica, deve ser planejada como as demais pois envolve além dos gastos a necessidade de pastagens boas; caso contrário, os animais não respondem.

Muitos trabalhos descritos na literatura relatam a importância de se acelerar o GPD nas fases mais jovens dos animais, pois a eficiência na conversão é muito mais alta. E também é nesta fase que se deposita maior proporção de músculos e menor de gordura, o que torna o ganho aqui mais barato. Pensando nisso, é comum, em propriedades tecnificadas, elaborar estratégias para aumentar o GPD no período de chuvas, quando as pastagens naturalmente produzem mais e com melhor qualidade, possibilitando ganhos acima de 1,2 kg por cabeça/dia.

Quando planejamos o GPD dos animais, devemos levar em consideração múltiplos fatores, como a capacidade de investimento do produtor, qualidade e disponibilidade de forragem ao longo dos meses do ano, potencial genético dos animais e mão de obra disponível para fornecer o alimento na hora programada, entre outros.

Atualmente é necessário organizar as pastagens de cada propriedade de maneira a entender a capacidade de suporte mensal de cada piquete; ou seja, com isso em mãos, conseguimos organizar entradas e saídas de animais, bem como compra de insumos e contratação de mão de obra esporádica, entre outros. O planejamento se torna indispensável para que a propriedade possa se manter saudável economicamente ao longo dos tempos.

Apresentaremos, a seguir, uma sugestão de organização a título de exemplo para uma propriedade localizada no estado de São Paulo, com solo de textura arenoargilosa e pastagens cultivadas de *Brachiaria brizantha cv. marandu* e *Panicum maximum cv tanzânia*.

a) **Janeiro-março (estação chuvosa):** nesta fase, as pastagens estão em melhor condição, proporcionando maior disponibilidade e qualidade de forragem. O ganho de peso diário (GPD) pode variar de 0,8 a 1,2 kg. Podem-se adotar estratégias como a suplementação de minerais e vitaminas, suplementação energética ou a mistura múltipla da Embrapa.

b) **Abril-junho (estação de transição seca):** a qualidade do pasto começa a diminuir. Suplementação proteica e energética torna-se mais necessária. O GPD pode cair para 0,5 a 0,8 kg sem suplementação adequada. Podem-se adotar estratégias como a suplementação de minerais e vitaminas, suplementação proteica ou a mistura múltipla da Embrapa.

c) **Julho-setembro (estação seca):** a pastagem está em condições críticas, necessitando de suplementação intensiva. O GPD pode ser mantido entre 0,4 e 0,6 kg com suplementação adequada. Podem-se adotar estratégias como a suplementação de minerais e vitaminas (+ ureia), suplementação proteica ou a mistura múltipla da Embrapa (+ ureia).

d) **Outubro-dezembro (início estação chuvosa):** com o retorno das chuvas, as pastagens começam a se recuperar. O GPD aumenta novamente, variando de 0,6 a 0,9 kg. Podem-se adotar estratégias como a suplementação de minerais e vitaminas, suplementação energética ou a mistura múltipla da Embrapa.

CRIAÇÃO DE RUMINANTES: UMA ABORDAGEM TEÓRICO-PRÁTICA

Além de toda a preocupação com a qualidade da alimentação, também temos que adequar o componente genético, ou seja, o potencial de GPD dos animais a serem alimentados. Muitas estratégias não apresentam boa relação custo-benefício justamente pela falta de adequação desse parâmetro. A seguir, de maneira simplificada, apontamos alguns fatores a serem levados em consideração durante o planejamento.

Normalmente, pode-se optar por três grupos genéticos em se tratando de Brasil, sendo que a base genética do rebanho nacional é composta por animais de sangue zebuíno, como principal raça a Nelore.

a) **Bos taurus (europeus):** são animais que apresentam maior demanda nutricional, porém com maior GPD, bem como produzem um padrão de carne muito valorizado no mercado global, com marmoreio[6], atribuindo maior suculência e maciez à carne. Como exemplo de raças neste grupo, temos Angus, Hereford, Wagiu, Limosin, entre outros

b) **Bos indicus (zebuínos):** considerada a base genética dos bovinos brasileiros por apresentar características de maior resistência a fatores climáticos e parasitários que afetam mais o grupo genético dos taurinos. Apresentam um GPD menor – na casa dos 0,6 kg a 1,0 kg em períodos de maior oferta de alimentos quando suplementados. Como exemplo neste grupo, temos as raças Nelore, Tabapuã, Guzerá, entre outras.

c) **Cruzados (Bos taurus x Bos indicus):** atualmente vêm sendo bastante utilizado estes cruzamentos, pois conseguem explorar o melhor de cada grupo genético, produzindo, assim, animais com melhor padrão de carne e, ao mesmo tempo, mais resistentes às condições climáticas de países tropicais, como no caso brasileiro. Animais apresentam em média GPD variando de 0,7 kg a 1,2 kg, com bom marmoreio e resistência a parasitas.

O planejamento eficiente na fase de recria de bovinos de corte exige uma abordagem multifacetada, considerando a suplementação adequada, projeção de ganho de peso ao longo do ano e as características

---

6 Marmoreio: é a gordura intramuscular visível a olho nu que se acumula dentro do músculo dos animais e entre os feixes de fibras musculares, sendo composta por gorduras poli-insaturadas, monoinsaturadas e saturadas.

especificas dos grupos genéticos. A implementação cuidadosa dessas estratégias pode maximizar o desempenho dos animais, resultando em um abate mais precoce e lucrativo.

2.5.1.3 Fase de engorda

A última fase não é menos importante em relação às demais já apresentadas, porém normalmente acaba sendo a de maior preocupação por parte dos produtores, tendo em vista que a maioria quer vender logo seus animais para poder retornar o capital investido.

Da mesma forma que as demais fases, podemos adotar algumas estratégias que podem antecipar a comercialização dos animais gordos. Muitos manejos são comuns tanto para animais de grande porte quanto para os de pequeno porte. A Tabela 2.5 traz a indicação de peso mínimo de abate para as espécies aqui tratadas.

Tabela 2.5 - Peso mínimo de abate para animais de corte

Espécie	Peso mínimo – machos	Peso mínimo 2 fêmeas
Bovinos	Peso vivo: 450 kg Arrobas: 15 @	Peso vivo: 400 kg Arrobas: 13 @
Bubalinos	Peso vivo: 450 kg Arrobas: 15 @	Peso vivo: 400 kg Arrobas: 13 @
Ovinos	Peso vivo: 40 kg Carcaça: 19 kg	Peso vivo: 35 kg Carcaça: 16 kg
Caprinos	Peso vivo: 40 kg Carcaça: 19 kg	Peso vivo: 35 kg Carcaça: 16 kg

Fonte: elaborado pelo autor.

Independentemente da espécie, é fundamental que os animais tenham uma gordura de acabamento para proteger durante o processo de resfriamento da carcaça, bem como para atribuir características sensórias (suculência) aos cortes, principalmente a gordura entremeada (marmorizada) tão falada nos tempos atuais.

A gordura de cobertura é uma das exigências que o frigorífico faz aos produtores para não penalizar o valor pago pelo animal. Destacamos que, dependendo do sistema de criação adotado, essa gordura pode

114 | *CRIAÇÃO DE RUMINANTES: UMA ABORDAGEM TEÓRICO-PRÁTICA*

ser depositada de maneira mais rápida e em maior quantidade, porém elevando-se os custos de produção.

No Brasil, o sistema mais comum são animais terminados em pastejo no período chuvoso (menor custo de produção). Mais de 70% dos animais abatidos procedem desse sistema, e não teria nada demais, se não fosse o tempo que normalmente levam para ficar prontos – no caso de bovino e bubalinos, acima de 4,5 anos e caprinos, e ovinos, acima de 14 meses.

Vamos falar um pouco sobre cada sistema de terminação, a saber: terminação em sistema de pastejo (com suplementação mineral), terminação em sistema de pastejo (com suplementação concentrada) e terminação em confinamento

2.5.1.3.1 Terminação a pasto

A terminação de animais em sistema de pastejo é a prática mais utilizada entre os produtores, por inúmeras vantagens. Mas, sem sombra de dúvidas, o baixo custo é o que mais justifica este manejo quando comparamos à terminação em confinamento. Outro aspecto que vem sendo destacado é com relação à sustentabilidade. Alguns trabalhos apontam que a produção em pasto gera menos gases de efeito estufa por unidade de carne produzida, principalmente pela fermentação ruminal, que é potencializada no rúmen quando se adicionam grãos à dieta dos animais confinados.

Trabalhos também destacam que a produção em pastagem favorece o bem-estar animal, pois preserva o hábito de pastejo que os ruminantes têm, colaborando para um ciclo de produção mais racional.

Contudo, temos que abordar aspectos desfavoráveis a esta prática de manejo. O principal deles é a dependência de fatores climáticos que podem atrapalhar a produção de volumosos em épocas de estiagem; ou seja, nos períodos secos do ano, os animais mantidos a pasto vão perder peso, provavelmente.

No caso de bovinos e bubalinos, a engorda em sistema de pastejo também demora mais tempo, pois os animais apresentam, em média, GPD abaixo de 0,4 kg por dia (média entre seca e chuva), ocasionando um tempo superior a 24 meses de engorda, comprometendo não só a qualidade da carne produzida, mas também a lucratividade do sistema.

Um dos grandes desafios da cadeia da carne brasileira está na produção de carne de qualidade. Na percepção dos consumidores, para ser considerada de qualidade, a carne precisa apresentar as seguintes características: maciez, suculência, além do sabor agradável.

Fatores como suculência e maciez são totalmente dependentes de dois fatores, especialmente: a genética dos animais e a idade de abate. A genética possibilita a deposição de gordura, tanto a de cobertura, quanto principalmente, a marmoreada, o que contribui para a suculência, ao passo, que a maciez está ligada a idade do animal, sendo a carne mais macia produzida por animais mais jovens.

Quando analisamos a afirmação anterior, entendemos como produzir animais em sistema de pastejo, ao mesmo tempo em que é mais barato, acaba contribuído para abates mais tardios, indo na contramão do que os consumidores pretendem. Contudo, existem sistemas que permitem produzir animais em pastejo com atributos de qualidade, como no caso de sistemas de pastejo rotacionado associado a suplementação concentrada.

Terminação em sistema de pastejo rotacionado

A terminação em pastagens rotacionadas atualmente vem ganhando espaço nas propriedades, em função de fatores como melhor aproveitamento da área, melhor aproveitamento da forragem pelos animais com consumo mais uniforme evitando gastos com roçada da vegetação passada, entre outros. Esse sistema envolve a divisão das áreas em parcelas menores, permitindo que os animais sejam movimentados periodicamente de um piquete para outro, respeitando o comportamento e pastejo dos animais e a capacidade de rebrota das plantas, promovendo, com isso, um sistema mais sustentável ao longo dos anos.

Para que funcione perfeitamente, a rotação de pastagens deve respeitar algumas premissas, como:

a) A divisão deve ser feita em piquetes menores (levando em consideração o período de descanso das plantas e o período de ocupação pelos animais).

b) A rotação dos animais pelos piquetes deve ser planejada antecipadamente, e deve-se elaborar um cronograma nos quais constem datas de entrada e saída dos animais em cada parcela.

c) A altura de forragem (entrada e saída) deve permitir que as plantas mantenham reservas de folhas e caule para melhor consumo pelos animais, bem como para rebrota quando da retiradas deles.

d) A capacidade de suporte deve permitir a maior carga animal por hectare, sem comprometer o funcionamento do sistema nos aspectos econômico, ambiental e do bem-estar dos animais.

e) Todas as práticas de manejo devem ter como objetivo o equilíbrio entre o solo, as plantas e a água, evitando erosão do terreno e a manutenção da biodiversidade local.

O ganho de peso dos animais em sistemas de pastagem rotacionada pode ser significativamente maior comparado aos sistemas tradicionais, devido ao manejo eficiente da forragem e ao ambiente mais saudável proporcionado pela rotação. Os principais fatores que influenciam o ganho de peso incluem a qualidade da forragem, a redução no estresse causado aos animais, melhor controle de verminoses e um ganho de peso diário mais elevado, em média, pelos animais

A produção de bovinos em pastagens rotacionadas é uma prática que oferece diversos benefícios, incluindo o aumento do ganho de peso dos animais, melhoria na qualidade da pastagem e sustentabilidade ambiental. Apesar dos custos iniciais de infraestrutura e treinamento de mão de obra, o sistema é economicamente viável e tende a gerar um retorno positivo sobre o investimento em médio e longo prazo. Com um manejo adequado e planejamento estratégico, o sistema de pastagem rotacionada pode ser altamente eficiente e rentável para a produção de ruminantes.

Terminação em sistema de pastejo continuado

A engorda de animais em sistema de pastejo contínuo ou continuado é a prática mais utilizada no Brasil, principalmente pela praticidade que o sistema preconiza, não sendo necessárias movimentações mais intensas dos animais, sendo que se estima a capacidade de suporte dos piquetes durante os dois períodos do ano, ou seja, se ajusta a capacidade de suporte durante esses períodos.

A produção de bovinos em pastagens continuadas é um método que requer menos manejo intensivo, mas enfrenta desafios na manutenção da qualidade da pastagem e no ganho de peso dos animais. Embora os custos iniciais possam ser menores, a necessidade de suplementação alimentar e manutenção da pastagem pode aumentar os custos operacionais ao longo do tempo. Com um planejamento adequado e práticas de manejo sustentável, o sistema de pastagem continuada pode ser uma opção viável para a produção de ruminantes de corte, especialmente em regiões onde a rotação de pastagens não é prática ou economicamente viável.

2.5.1.3.2 Terminação em confinamento

A engorda de animais em regime de confinamento é uma prática bastante utilizada no Brasil. Em se tratando de animais de grande porte (bovinos e bubalinos), o percentual de animais produzidos chega próximo de 20% do efetivo rebanho. Apesar de ser um número expressivo quando comparado ao de países como os Estados Unidos, deixa muito a desejar, tendo em vista que quase a totalidade de animais é terminada em confinamento. Com relação a caprinos e ovinos, esse percentual se eleva, principalmente se considerarmos os estados do Sul e Sudeste, chegando perto dos 40% de animais terminados em confinamento.

A terminação de animais em confinamento no Brasil ocorre principalmente nos meses de seca, quando se faz necessário aliviar as pastagens que estagnam seu crescimento, evitando, assim, que animais mais pesados percam muito peso, forçando o acabamento e venda dentro do mesmo ano produtivo.

Essa prática consiste em manter os animais em ambiente confinado, em média, de 5 a 10 metros quadrados por animal, fornecendo dietas balanceadas até que consigam atingir o peso de abate. O objetivo é maximizar o GPD e melhorar a qualidade da carne produzida no menor espaço de tempo.

Como todo sistema, apresenta vantagens e desvantagens – vamos abordar, de maneira sucinta, algumas delas. Destacamos que a maior vantagem do confinamento é o elevado GPD, pois os animais recebem uma dieta balanceada à base de grãos, farinhas e farelos, associados a uma suplementação de minerais e vitaminas, permitindo, com isso, ganhos de até 1,5 kg/cab./dia (bovinos e bubalinos) e 0,3 kg/cab./dia (ovinos e caprinos). Também permite uma melhora na qualidade da carne produzida, aumentando a massa muscular e a gordura depositada (externa e marmoreada).

Outras vantagens do confinamento são: maior controle nutricional (atendendo a requerimento dos animais); uso efetivo dos recursos (utilização de subprodutos da industrialização de grãos), reduzindo os desperdícios; consistência e padronização na produção de animais ao longo dos meses do ano; e, por fim, mas não menos importante, o auxílio na redução dos danos ambientais causados pelo desmatamento para produção de pasto.

Como desvantagens, podemos citar:o elevado custo de implantação dos confinamentos (construções, maquinários, mão de obra qualificada, entre outros); os gastos elevados com a alimentação, tendo em vista que os grãos são muito mais caros que a pastagem; necessidade de gestão de resíduos, pois, com a concentração dos animas, a produção de matéria orgânica aumenta bastante; estresse potencialmente causado em animais que não se adaptaram ao confinamento; e aumento dos riscos sanitários, pois o confinamento favorece a disseminação de doenças, exigindo rigorosos protocolos sanitários nos rebanhos.

A terminação de animais em confinamento no Brasil é uma prática eficiente e estratégica para garantir a produção contínua de carne de alta qualidade. Apesar dos altos custos iniciais e operacionais, as vantagens em termos de ganho de peso, qualidade da carne e previsibilidade da produção fazem deste sistema uma escolha viável e lucrativa para muitos pecuaristas. O controle rigoroso da alimentação e do manejo sanitário são essenciais para maximizar os benefícios e minimizar os riscos associados ao confinamento.

2.5.2 Manejo sanitário

Como sempre costumamos falar em nossas aulas ou mesmo consultorias, a produtividade dos animais depende de múltiplos fatores, e a sanidade é fundamental para manter elevada a eficiência produtiva, da mesma forma que os demais fatores indicados anteriormente.

O manejo sanitário é fundamental para garantir – e manter – a saúde e a produtividade dos rebanhos. Sendo fundamental associar estratégias de vacinações e vermifugações ao ambiente em que os animais são criados. A prevenção de doenças e controle parasitário são cruciais para minimizar perdas econômicas e assegurar a viabilidade econômica das operações pecuárias.

As verminoses são responsáveis por grande parte das perdas na criação de ruminantes, afetando de maneira direta o desempenho geral, reduzindo o GPD, produção de leite, a fertilidade dos animais, aumentando a mortalidade, o intervalo entre partos, entre outros.

Pode-se observar, na Tabela 2.6, um exemplo de calendário de vacinas para bovinos. Convém destacar que tanto a indicação de vacina quanto os meses do ano podem sofrer alterações de acordo com o planejamento da fazenda, bem como do técnico que está organizando o planejamento.

Tabela 2.6 - Exemplo de calendário de vacinação – bovinos e bubalinos

Mês	Vacina	Categoria animal
Fev./mar./abr.	Brucelose	Fêmeas de 3 a 8 meses
Fev./mar./abr.	Clostridioses	Bezerros mais de 2 meses
Maio	Febre aftosa e raiva	Todos os bovinos
Setembro	Clostridioses (reforço)	Bezerros mais de 2 meses
Novembro	Febre aftosa e raiva	Todos os bovinos

Fonte: elaborado pelo autor.

120 | *CRIAÇÃO DE RUMINANTES: UMA ABORDAGEM TEÓRICO-PRÁTICA*

Tabela 2.7 - Exemplo de calendário de vacinações – caprinos e ovinos

Mês	Vacina	Categoria animal
Fev./mar./abr.	Brucelose	Fêmeas de 3 a 8 meses
Fev./mar./abr.	Clostridioses	Animais com mais de 1 mês e reforço anual em adultos
Maio	Febre aftosa e raiva	Todos os ovinos
Junho	Linfadenite caseosa	Animais adultos
Setembro	Clostridioses (reforço)	Animais com mais de 1 mês e reforço anual em adultos
Novembro	Febre aftosa e raiva	Todos os animais

Fonte: elaborado pelo autor.

As verminoses representam um dos principais desafios na criação de ruminantes, impactando a saúde, a produtividade e o bem-estar dos animais, sendo que o controle deve ser feito por meio da utilização de vermífugos indicados por técnicos, para evitar a resistência a princípios ativos e, consequentemente, perdas de eficiência e dinheiro.

Atualmente estamos utilizando uma abordagem estratégica combinando o uso de vermífugos com o monitoramento regular da carga parasitária dos animais por meio da técnica de contagem de ovos por grama de fezes (OPG[7]).

O controle estratégico de verminoses baseia-se em três principais pilares: o uso racional de vermífugos, o monitoramento da carga parasitária e a integração com o manejo sanitário.

O uso indiscriminado de vermífugos tem levado ao desenvolvimento de resistência parasitária, reduzindo a eficiência dos tratamentos, sendo que a utilização de vermífugos de maneira racional, guiada por dados de OPG, ajuda – e muito – a minimizar os riscos.

O monitoramento da carga parasitária por OPG continuamente permite uma abordagem precisa e adequada do melhor momento para vermifugar os animais, aumentando, assim, a eficiência no combate a parasitoses.

---

7 OPG é uma técnica laboratorial utilizada para quantificar a carga parasitária em ruminantes. O método preconiza a coleta de amostras de fezes dos animais que serão analisados para determinar o número de ovos de parasitas gastrointestinais presentes por grama de fezes. Posteriormente se define a aplicação ou não de vermífugos nos amimais.

E, por fim, a integração entre o manejo sanitário e o controle estratégico deve ser parte de um plano de manejo sanitário abrangente, que inclui boas práticas de manejo, nutrição adequada e medidas preventivas.

Com base nos resultados do OPG, deve-se planejar a aplicação de vermífugos de forma estratégica. Em vez de seguir um calendário fixo, a vermifugação é realizada quando os níveis de OPG indicam um aumento significativo da carga parasitária. Isso ajuda a reduzir o uso de vermífugos, retardar o desenvolvimento de resistência e manter a eficácia dos tratamentos.

Após a aplicação dos vermífugos, novas análises de OPG são realizadas para se avaliar a eficácia do tratamento. Uma redução significativa nos valores de OPG indica um tratamento eficaz, enquanto a ausência de redução pode sugerir resistência parasitária, necessitando de ajustes no protocolo de tratamento.

A adoção do controle estratégico de verminoses, utilizando a técnica de OPG, traz diversos benefícios:

a) **Redução de custos:** o uso racional de vermífugos diminui os custos com medicamentos, uma vez que os tratamentos são aplicados apenas quando necessários.

b) **Prevenção da resistência parasitária:** monitorar a carga parasitária e ajustar os tratamentos conforme necessário ajuda a prevenir o desenvolvimento de resistência, mantendo a eficácia dos vermífugos a longo prazo.

c) **Melhora na saúde e produtividade:** animais com cargas parasitárias controladas apresentam melhor desempenho produtivo, maior ganho de peso e melhor estado de saúde geral.

Um manejo sanitário eficaz, com um planejamento adequado de vacinas e vermífugos, é indispensável para a manutenção da saúde e produtividade dos ruminantes. A implementação de um calendário sanitário estratégico pode reduzir significativamente as perdas econômicas causadas por doenças e parasitas, garantindo um retorno econômico positivo para os produtores. Assim, o investimento em práticas preventivas, como a vacinação e a vermifugação, não deve ser visto como um custo, mas sim como uma medida essencial para a sustentabilidade da produção pecuária.

2.6 Distúrbios metabólicos em bovinos de corte[8]

Os distúrbios metabólicos representam um desafio significativo para a saúde e a produtividade dos rebanhos destinados à produção de carne. Doenças metabólicas em bovinos de corte, como cetose, hipocalcemia e hipomagnesemia, são comuns e têm um impacto profundo na eficiência produtiva e na sustentabilidade econômica das operações pecuárias. Esses distúrbios resultam de desequilíbrios no metabolismo de carboidratos, lipídios e minerais essenciais, frequentemente exacerbados por manejo e nutrição inadequados (Hindman, 2023; Wilson, 2001). Além disso, o estresse comportamental e a interação social entre os animais podem contribuir significativamente para a prevalência e severidade dessas condições, como evidenciado por níveis elevados de creatina-fosfoquinase e ácidos graxos livres no sangue de touros após intensas interações agonísticas (Alahi *et al.*, 2023). A compreensão desses fatores e a implementação de práticas de manejo eficientes são fundamentais para mitigar os efeitos negativos dos distúrbios metabólicos e promover a saúde e o bem-estar dos animais.

Esta seção tem como objetivo fornecer uma visão abrangente sobre os principais distúrbios metabólicos que afetam o animais com aptidão para corte, descrevendo suas causas, sintomas, métodos de diagnóstico, tratamentos disponíveis e estratégias de prevenção. Além disso, busca ressaltar a importância de práticas de manejo e nutrição adequadas para minimizar a incidência desses problemas, melhorando a saúde e a produtividade do rebanho.

2.6.1 Principais doenças metabólicas em animais com aptidão para corte

A produção animal moderna enfrenta o desafio de maximizar a produtividade enquanto mantém a saúde e o bem-estar dos animais. Distúrbios metabólicos são comuns em rebanhos destinados ao corte, impactando diretamente a eficiência produtiva e a viabilidade

---

8   Autor: Prof. Dr. André Fukushima.

econômica das operações. Estes distúrbios resultam da complexa interação entre fatores nutricionais, genéticos e ambientais, que influenciam o metabolismo dos animais. Compreender essas condições e os fatores que contribuem para sua ocorrência é essencial para desenvolver estratégias de manejo eficazes e sustentáveis (Hindman, 2023).

2.6.1.1 Cetose

A cetose é caracterizada pelo acúmulo de corpos cetônicos no sangue devido a um déficit energético, sendo prevalente em ruminantes, especialmente em bovinos pós-parto. Esta doença surge quando a demanda energética do animal excede a ingestão calórica, levando à mobilização excessiva de gorduras corporais e à produção de corpos cetônicos. A detecção precoce da cetose é fundamental para prevenir suas consequências negativas na produção de carne e na saúde dos animais. Tecnologias de monitoramento contínuo, como medidores digitais de cetona, têm se mostrado eficazes na identificação de cetose subclínica, permitindo intervenções oportunas (Alahi *et al.*, 2023). Estratégias nutricionais que equilibram a ingestão de carboidratos e fibras podem ajudar a manter a fermentação ruminal saudável, reduzindo a incidência dessa condição.

2.6.1.2 Hipocalcemia

A hipocalcemia, também conhecida como febre do leite, afeta principalmente bovinos durante o período de transição entre a secagem e o início da lactação, quando a demanda por cálcio aumenta drasticamente. Esta condição resulta de um desequilíbrio no metabolismo do cálcio, levando a uma queda acentuada nos níveis de cálcio no sangue. Clinicamente, a hipocalcemia pode causar fraqueza muscular, redução da motilidade gastrointestinal e, em casos graves, paralisia. O manejo preventivo da hipocalcemia envolve a suplementação de cálcio, que pode ser administrada por meio de dietas anionicamente balanceadas, ou diretamente, via cálcio oral ou intravenoso (Mann *et al.*, 2019). A identificação precoce e o tratamento eficaz são essenciais para manter a produtividade e o bem-estar dos animais afetados.

2.6.1.3 Diabetes *mellitus*

Embora raro em ruminantes, o diabetes mellitus pode ocorrer, representando um desafio adicional para a gestão da saúde animal. Surisetti e Appa Rao (2022) relatam um caso raro de diabetes mellitus em caprinos, destacando a necessidade de mais pesquisas sobre as causas e implicações dessa condição. O diagnóstico do diabetes mellitus envolve a medição dos níveis de glicose no sangue. Clinicamente, o diabetes é caracterizado por hiperglicemia persistente, poliúria, polidipsia e perda de peso. A detecção precoce é fundamental para o manejo adequado da doença, que pode incluir ajustes dietéticos e, em alguns casos, a administração de insulina.

2.6.1.4 Distúrbios do estômago

Distúrbios do estômago anterior, como a impactação, são prevalentes em bovinos e búfalos e resultam de dietas inadequadas e ingestão de corpos estranhos (Kumar *et al.*, 2021). Esses distúrbios podem levar a uma redução significativa na digestão e absorção de nutrientes, afetando diretamente a produção de carne. O manejo adequado da alimentação, a prevenção da ingestão de materiais inadequados e a implementação de estratégias de suplementação nutricional são práticas essenciais para manter a saúde e a produtividade dos rebanhos. A integração de tecnologias de monitoramento contínuo e análises metabolômicas pode proporcionar uma compreensão mais abrangente dos fatores que influenciam a saúde metabólica dos ruminantes, promovendo uma produção animal mais eficiente e sustentável.

2.6.1.5 Diagnóstico das doenças metabólicas

O diagnóstico preciso das doenças metabólicas em animais de corte é essencial para a gestão eficaz da saúde dos rebanhos. Essas doenças, que incluem cetose, hipocalcemia, hipomagnesemia, diabetes mellitus e distúrbios do estômago anterior, são frequentemente difíceis de se detectar precocemente, devido à natureza subclínica de seus sintomas iniciais. No entanto, a identificação precoce é essencial para a implementação de intervenções apropriadas que possam mitigar os impactos negativos na produtividade e no bem-estar dos animais. A evolução das tecnologias de diagnóstico, incluindo métodos bioquímicos e ferramentas de monitoramento contínuo, tem desempenhado um papel vital na melhoria da detecção e manejo dessas condições. Alahi *et al.* (2023) destacam a eficácia dos medidores digitais de cetona na detecção precoce de cetose em búfalos pós-parto, um exemplo de como a tecnologia pode ser integrada ao manejo diário dos rebanhos para prevenir complicações.

2.6.1.6 Cetose

A cetose é uma condição metabólica prevalente em ruminantes, caracterizada pelo acúmulo de corpos cetônicos no sangue devido a um déficit energético. O diagnóstico desta condição geralmente envolve a medição dos níveis de corpos cetônicos em amostras de sangue, leite ou urina. Hindman (2023) enfatiza a importância do monitoramento contínuo para a detecção precoce da cetose, permitindo intervenções oportunas para prevenir a progressão da doença e suas consequências negativas. Ferramentas como medidores digitais de cetona são particularmente úteis, pois fornecem resultados rápidos e precisos, permitindo ajustes imediatos na dieta e manejo dos animais afetados.

2.6.1.7 Perdas econômicas

As doenças metabólicas em bovinos de corte resultam em perdas econômicas significativas para a indústria pecuária. Essas condições afetam a saúde e a produtividade dos animais, resultando em menor produção de carne, aumento dos custos veterinários e, frequentemente, necessidade de descarte precoce dos animais afetados. A cetose é um exemplo de condição que pode ter um impacto econômico devastador. De acordo com Hindman (2023), a cetose subclínica muitas vezes passa despercebida, mas pode levar a uma redução na eficiência alimentar e aumento nas taxas de descarte precoce dos animais, resultando em uma perda significativa de receita. Alahi *et al.* (2023) corroboram que a detecção precoce e o manejo adequado da cetose, utilizando tecnologias de monitoramento contínuo como medidores digitais de cetona, podem prevenir perdas econômicas substanciais.

2.6.2 Manejo do rebanho nos distúrbios metabólicos

O manejo eficiente do rebanho é fundamental para prevenir e controlar distúrbios metabólicos em animais de corte, assegurando a saúde dos animais e a sustentabilidade econômica da produção. Uma abordagem integrada que engloba a nutrição adequada, o monitoramento contínuo e práticas de manejo específicas é essencial para minimizar a incidência de distúrbios metabólicos comuns, como cetose, hipocalcemia e hipomagnesemia. Hindman (2023) destaca a importância de dietas balanceadas que atendam às necessidades energéticas e nutricionais dos ruminantes, prevenindo o déficit energético, que pode levar à cetose. A suplementação com aditivos alimentares, como propilenoglicol, pode ajudar a manter os níveis de glicose no sangue, reduzindo a mobilização excessiva de gorduras corporais.

O monitoramento contínuo da saúde metabólica dos animais é outra estratégia essencial no manejo do rebanho. A utilização de tecnologias de monitoramento, como sensores que medem parâmetros bioquímicos em tempo real, pode detectar precocemente sinais de desequilíbrios metabólicos. Alahi *et al.* (2023) demonstraram a eficácia dos medidores digitais de cetona para a detecção precoce de cetose subclínica em búfalos pós-parto. A implementação de sistemas de monitoramento contínuo permite intervenções rápidas, prevenindo a progressão de doenças e reduzindo os impactos negativos na produtividade. Além disso, a análise regular de perfis metabólicos pode identificar tendências e antecipar problemas, permitindo ajustes proativos na alimentação e manejo dos animais.

2.6.2.1 Práticas de manejo específicas

As práticas de manejo específicas são cruciais para prevenir distúrbios metabólicos como a hipocalcemia e a hipomagnesemia. Mann *et al.* (2019) discutiram a importância da suplementação de cálcio no período de transição para prevenir a hipocalcemia em bovinos de corte. Essa suplementação pode ser realizada por meio de dietas anionicamente balanceadas ou administração de cálcio oral ou intravenoso.

Para a prevenção da hipomagnesemia, é essencial o fornecimento adequado de magnésio na dieta, especialmente em pastagens ricas em potássio e nitrogênio. A suplementação de magnésio pode ser feita por meio de blocos minerais, ração balanceada ou soluções líquidas adicionadas à água de bebida. Além disso, práticas de manejo que reduzem o estresse e melhoram o bem-estar dos animais também contribuem para a prevenção de distúrbios metabólicos, garantindo um ambiente propício para a saúde e produtividade dos rebanhos.

2.6.2.2 Integração de práticas nutricionais com tecnologias avançadas

A integração de práticas de manejo nutricional com tecnologias avançadas pode melhorar significativamente a saúde e a produtividade dos rebanhos. Estudos mostram que a suplementação dietética pode melhorar os parâmetros de produção sem afetar negativamente o estado metabólico dos animais (Giorgino *et al.*, 2023). A implementação de abordagens multiparamétricas para a gestão de distúrbios metabólicos permite uma compreensão mais abrangente dos fatores que influenciam a saúde metabólica dos ruminantes. Essa abordagem holística é fundamental para se desenvolverem estratégias de manejo mais eficazes e sustentáveis, promovendo a longevidade e a produtividade dos animais com aptidão para corte.

Quadro 2.1 - Principais distúrbios metabólicos em gado de corte

Doença	Aspectos principais para o gado leiteiro	Questões metabólicas	Sintomas	Diagnóstico	Tratamento	Perda econômica	Conclusão	Referência
Cetose	Comum em períodos de alta demanda energética, especialmente em bovinos pós-parto.	Déficit energético leva ao acúmulo de corpos cetônicos.	Redução na produção de carne, perda de peso, letargia.	Detecção de corpos cetônicos no sangue, leite ou urina.	Suplementação com propilenoglicol, ajustes dietéticos.	Redução na produção de carne, aumento nos custos veterinários.	Importante monitorar continuamente e ajustar a dieta para prevenir a cetose.	HINDMAN, M. S. Metabolic diseases in beef cattle. Veterinary Clinics of North America-food Animal Practice, 2023.
Hipocalcemia	Ocorre principalmente no período de transição entre a secagem e o início da lactação.	Desequilíbrio no metabolismo do cálcio.	Fraqueza muscular, redução da motilidade gastrointestinal, paralisia.	Medição dos níveis de cálcio no sangue.	Administração de cálcio intravenoso ou oral.	Redução na produção de carne, aumento nos custos de tratamento, descarte precoce de animais.	Prevenção eficaz por meio de suplementação de cálcio no período de transição.	WILSON, G. F. Metabolic diseases of grazing cattle: from clinical event to production disease. New Zealand Veterinary Journal, 2001.
Hipomagnesemia	Associada a dietas ricas em potássio e nitrogênio, comum em pastagens.	Baixos níveis de magnésio no sangue.	Tremores, espasmos musculares, convulsões.	Medição dos níveis de magnésio no sangue.	Suplementação com magnésio por meio de blocos minerais ou soluções.	Mortalidade e morbidade elevadas, aumento nos custos de suplementação e tratamento.	Suplementação regular de magnésio é essencial para prevenir a hipomagnesemia.	MANN, S.; MCART, J.; ABUELO, A. Production-related metabolic disorders of cattle: ketosis, milk fever and grass staggers. In: Practice, 2019.
Diabetes mellitus	Rara em ruminantes, mas possível de ocorrer.	Níveis elevados de glicose no sangue devido à deficiência ou resistência à insulina.	Poliúria, polidipsia, perda de peso.	Medição dos níveis de glicose no sangue.	Administração de insulina, ajustes dietéticos.	Redução na produtividade, aumento nos custos de tratamento.	Monitoramento constante dos níveis de glicose e manejo adequado são essenciais.	SURISETTI, R. B.; APPA RAO, A. A. A case study of spontaneous diabetes mellitus in goat. Uttar Pradesh Journal of Zoology, 2022.
Distúrbios do estômago anterior	Resulta de dietas inadequadas ou ingestão de corpos estranhos.	Disfunções motoras ou ingestão de materiais inadequados.	Distensão abdominal, anorexia, redução da motilidade ruminal.	Exames clínicos, radiografias, ultrassonografias.	Administração de laxantes, intervenções cirúrgicas em casos graves.	Perda de produtividade devido à morbidade, aumento nos custos veterinários.	Alimentação adequada e prevenção da ingestão de corpos estranhos são fundamentais.	KUMAR, A.; POTLIYA, S.; THAKUR, V.. Disorders of forestomach in cattle and buffaloes of Haryana. The Indian Journal of Animal Sciences, 2021.

Fonte: elaborado pelo autor.

CONCLUSÃO

O manejo eficiente do rebanho de animais com aptidão para corte envolve uma abordagem multifacetada que inclui nutrição adequada, monitoramento contínuo e práticas específicas de manejo. A prevenção e controle de doenças metabólicas como cetose, hipocalcemia e hipomagnesemia são essenciais para manter a saúde dos animais e a viabilidade econômica da produção. A integração de tecnologias modernas, como sistemas de monitoramento em tempo real, com abordagens tradicionais de manejo nutricional e práticas de suplementação, oferece um caminho promissor para a gestão sustentável e eficaz dos rebanhos. A literatura representada aqui por Hindman (2023), Alahi *et al.* (2023), Wang *et al.* (2023) e Mann *et al.* (2019) fornecem insights valiosos que podem guiar produtores e veterinários na implementação de estratégias de manejo que promovam a saúde e a produtividade dos animais.

REFERÊNCIAS BIBLIOGRÁFICAS

Associação Brasileira das Indústrias Exportadoras de Carne (ABIEC). **Beef Report:** perfil da pecuária no Brasil 2020. 2020. Disponível em: http://www.abiec.com.br/publicacoes/beef-report-2020/. Acesso em: 12 set. 2024.

ALBUQUERQUE, L. G. **Parâmetros genéticos:** herdabilidade e repetibilidade. Material utilizado em aula no Curso de Zootecnia na Disciplina de Melhoramento Genético Animal, Unesp Jaboticabal, p. 8, 2003. Material não publicado.

ALAHI, M. E. E. *et al.* Detection of ketone bodies in postpartum buffaloes using digital ketone meters. **Veterinary Research**, 2023.

AIDAR, M. M. **Qualidade humana:** as pessoas em primeiro lugar. São Paulo: Maltese, 1995, p. 285.

BITTAR, C. M. M. **Os 5 Cs da criação de bezerros.** Disponível em: https://www.milkpoint.com.br/colunas/carla-bittar/os-5-cs-da-cria-cao-de-bezerros-45052n.aspx#. Acesso em: 28 nov. 2022.

BOBE, G. *et al.* Association of subclinical hypocalcemia dynamics with dry matter intake, milk yield, and blood minerals during the periparturient period. **Journal of Dairy Science**, 2004. DOI: 10.3168/jds.2020-19344.

BONACCINI, L. A. **Sistemas de gerência eficazes:** o novo desafio a vencer. ANUALPEC 2002, São Paulo: FNP Consultoria & Comércio, 2002. p. 70-74.

BRASIL. Ministério da Agricultura, Pecuária e Abastecimento. **Mapa do leite:** políticas públicas e privadas para o leite. Disponível em: https://www.gov.br/agricultura/pt-br/assuntos/producao-animal/mapa-do-leite. Acesso em: 22 ago. 2022.

Caixeta, L. S. (2021). Monitoring and improving the metabolic health of dairy cows. **Frontiers in Veterinary Science.** DOI: 10.3389/fvets.2021.610942.

CNA. **Comunicado Técnico – Pesquisa Pecuária Municipal (PPM) 2019**: crescimento de todas as atividades englobadas na pesquisa em relação a 2018. Disponível em: https://www.cnabrasil.org.br/assets/arquivos/boletins/sut.ct.ppm2019.22out2020.vf.pdf. Acesso em: 21 jun. 2021.

CHAKTER. **O que é e como calcular taxa de desfrute da minha fazenda.** Disponível em: https://girodoboi.canalrural.com.br/pecuaria/o-que-e-e-como-calcular-taxa-de-desfrute-da-minha-fazenda/. Acesso em: 12 set. 2024.

EDIM. **Cadeias produtivas em medicina veterinária.** *E-Book.* Laureate International Universities, 2018.

ERYZHENSKAYA, N. F. Correction of metabolism, milk production and reproductive function of cows. **Veterinaria i kormlenie**, 2021. DOI: 10.30917/att-vk-1814-9588-2021-5-5.

EMBRAPA. **Artrite encefalite caprina (CAE).** Disponível em: https://www.embrapa.br/cim-inteligencia-e-mercado-de-caprinos--e-ovinos/zoossanitario-cae#:~:text=A%20Artrite%20Encefalite%20Caprina%20(CAE,nos%20animais%20jovens%2C%20a%20encefalomielite. Acesso em: 17 abr. 2023.

EMBRAPA. **Programa de Melhoramento Genético de Caprinos e Ovinos de Corte.** Disponível em: http://srvgen.cnpc.embrapa.br/web_genecoc/. Acesso em: 1º jun. 2021.

EMBRAPA. **Brasil é o quarto maior produtor de grãos e o maior exportador de cerne bovina do mundo, diz estudo.** 2021. Disponível em https://www.embrapa.br/busca-de-noticias/-/noticia/62619259/brasil-e-o-quarto-maior-produtor-de-graos-e-o-maior-exportador-de--carne-bovina-do-mundo-diz-estudo. Acesso em: 1º jun. 2021.

EMBRAPA. **Anuário Leite 2023.** Disponível em file:///C:/Users/lucia/Downloads/Anuario-Leite-2023.pdf. Acesso em: 2 out. 2024.

Food and Agriculture Organization of the United Nations (FAO). **The state of food insecurity in the world 2014.** Food and Agriculture

Organization of the United Nations, Home, 2015. Disponível em: http://www.fao.org/publications/sofi/en. Acesso em: 21 jun. 2021.

Food and Agriculture Organization of the United Nations (FAO). **Food and Agriculture Organization of the United Nations statistical databases**. 2019. Disponível em: http://faostat.fao.org. Acesso em: 13 jun. 2021.

GAMA, L. T. **Melhoramento genético animal**. Lisboa: Escolar, 2002. 306p.

GEPEC. **Brasil terá 2º melhor ano de exportações de carne bovina, diz consultoria.** Disponível em: https://gepec.com.br/blog/brasil-tera-2o-melhor-ano-de-exportacoes-de-carne-bovina-diz-consultoria. Acesso em: 15 jun. 2024.

GIORGINO, A. *et al.* Effect of dietary organic acids and botanicals on metabolic status and milk parameters in mid–late lactating goats. **Animals**, 2023.

GOFF, J. P. *et al.* Effects of subclinical hypocalcemia have been explored in numerous observational and mechanistic studies. **Journal of Dairy Science**, 2008. DOI: 10.3168/jds.2019-17268.

GROSS, J. J.; KESSLER, E. C.; BRUCKMAIER, R. M.; ALBRECHT, C. Nutrition and the endocrine system: An overlooked field. **Frontiers in Veterinary Science**, 2019. DOI: 10.3389/fvets.2019.00076.4o.

HENDRIKS, S. *et al.* Associations between lying behavior and activity and hypocalcemia in grazing dairy cows during the transition period. **Journal of Dairy Science**, 2020. DOI: 10.3168/jds.2019-18111.

HENDRIKS, S. J.; WALSH, R. B.; KELTON, D. F.; DUFFIELD, T. F.; LEBLANC, S. J. Peripartum hypocalcemia management in dairy cattle. **Journal of Dairy Science,** v. 103, n. 4, p. 2901-2920, 2020. DOI: 10.3168/jds.2019-18111.

HERNÁNDEZ, J.; BENEDITO, J.; CASTILLO, C. Relevance of the study of metabolic profiles in sheep and goat flock. Present and future: a review. **Spanish Journal of Agricultural Research**, 2020.

HINDMAN, M. S. Metabolic diseases in beef cattle. **Veterinary Clinics of North America – Food Animal Practice**, 2023.

IBGE. Produção da Pecuária Municipal 2018. **Informativo da Pesquisa da Pecuária Municipal 2018 (PPM).** Rio de Janeiro, v. 46, p. 1-8, 2018. Disponível em: https://biblioteca.ibge.gov.br/visualizacao/periodicos/84/ppm_2018_v46_br_informativo.pdf. 2019. Acesso em: 14 jun. 2021.

IBGE. **Censo Agropecuário 2006 e 2017.** Disponível em: https://sidra.ibge.gov.br. Acesso em: 14 jun. 2021.

KUMAR, A. *et al.* Disorders of forestomach in cattle and buffaloes of Haryana. **The Indian Journal of Animal Sciences,** 2021.

KOURY FILHO, W. **Análise genética de escores de avaliações visuais e suas respectivas relações com desempenho ponderal na raça Nelore.** 2001. Dissertação (Mestrado em Zootecnia) – Faculdade de Zootecnia e Engenharia de Alimentos da USP, Universidade de São Paulo, Pirassununga, 2001.

LUKE, T. D. W.; ROCHE, J. R.; PHYN, C. V. C. Effect of calcium status and calcium supplementation on milk production in dairy cows. **Journal of Dairy Science,** v. 102, n. 2, p. 1747-1760, 2019. DOI: 10.3168/jds.2018-15965.

MANN, S.; MCART, J.; ABUELO, A. Production-related metabolic disorders of cattle: ketosis, milk fever and grass staggers. **In Practice,** 2019.

MCART, J. *et al.* Association of transient, persistent, or delayed subclinical hypocalcemia with early lactation disease, removal, and milk yield in Holstein cows. **Journal of Dairy Science,** 2019. DOI: 10.3168/jds.2019-17191.

MCART, J. A. A.; NEVES, R. C. Epidemiology of subclinical ketosis in early lactation dairy cattle. **Journal of Dairy Science,** v. 102, n. 4, p. 3805-3814, 2019. DOI: 10.3168/jds.2019-17191.

MEKONNEN, G. A.; BEYENE, S. M.; REGASSA, F. G. Economic losses due to metabolic disorders in dairy cattle. **Frontiers in Veterinary Science,** 2022. DOI: 10.3389/fvets.2022.771889.

Ministério da Agricultura e Pecuária (Mapa). **Agropecuária Brasileira em números,** 2024. Disponível em https://www.gov.br/agricultura/pt-br/assuntos/politica-agricola/todas-publicacoes-de-politica-agricola/agropecuaria-brasileira-em-numeros. Acesso em: 1º out. 2024.

NETO, A. T. **O que vamos selecionar em nossos rebanhos:** I características produtivas. 2014. Disponível em: https://www.milkpoint.com.br/colunas/andre-thaler-neto/o-que-vamos-selecionar-em-nossos-rebanhos-i-caracteristicas-produtivas-205469n.aspx. Acesso em: 2 ago. 2021.

NEIVA, R. **Brasil desenvolve seu primeiro sistema de avaliação genômica para bovinos leiteiros.** 2018. Disponível em: https://www.embrapa.br/busca-de-noticias/-/noticia/34137502/brasil-desenvolve--seu-primeiro-sistema-de-avaliacao-genomica-para-bovinos-leiteiros. Acesso em: 12 set. 2024.

OLIVEIRA, A. N.; SOUZA, P. Z.; SOUSA JUNIOR, F. A. F. Manejo de cabras leiteiras. Fortaleza, 2010 84p. *In*: **Il Manual de Orientação Técnica – Secretaria do Desenvolvimento Agrário do Ceará – SDA.** Coordenadoria de Apoio às Cadeias Produtivas da Pecuária – COAPE – Núcleo de Ovinocaprinocultura – NUOVIS

OLIVEIRA, A. **4 métodos de seleção de bovinos para melhoramento genético.** Disponível em: https://www.cpt.com.br/cursos-bovinos-gadodecorte/artigos/4-metodos-de-selecao-de-bovinos-para-melhoramento-genetico. Acesso em: 1º maio 2021.

OLSON, D. P.; PAPASIAN, C. J.; RITTER, R. C. The effects of cold stress on neonatal calves, II. Absorption of colostral immunoglobulins. **Canadian Journal of Comparative Medicine**, v. 44, p. 19-23, 1980.

PROGRAMA de melhoramento genético de caprinos e ovinos de corte (GENECOC). Embrapa, Brasília, [s. d.] b. Disponível em: http://srvgen.cnpc.embrapa.br/web_genecoc/. Acesso em: 10 out. 2022.

PLAIZIER, J. C. *et al.* Effects of ORAI calcium release-activated calcium modulator 1 (ORAI1) on neutrophil activity in dairy cows with subclinical hypocalcemia. **Journal of Animal Science**, 2008. DOI: 10.1093/jas/skz209.

POLAQUINI, L. E. M. **Produtores de bovinos de corte**: do Sistema Nacional de Crédito Rural à comercialização em mercados futuros. Dissertação de Mestrado. Universidade Estadual Paulista, Faculdade de Ciências Agrárias e Veterinárias, 2004. 166p.

REFERÊNCIAS BIBLIOGRÁFICAS | 135

QUEIROZ, S. A. **Introdução ao melhoramento genético de bovinos de corte**. Guaíba: Agrolivros, 2012, p. 152. ISBN: 978-85-98934-12-9.

REGO, F. L. H. *et al*. Variabilidade genética e estimativas de herdabilidade para o caráter germinação em matrizes de Albizia lebbeck. **Cienc. Rural** [online]. 2005, vol.35, n.5, pp.1209-1212. ISSN 0103-8478. https://doi.org/10.1590/S0103-84782005000500037.

RODRIGUEZ-MARTINEZ, H.; HULTGREN, J.; BÅGE, R.; BERGQVIST, A. S.; SVENSSON, C. **Reproductive performance in high-producing dairy cows**: can we sustain it under current practice?. 2008. Disponível em: https://www.ivis.org/library/reviews-veterinary--medicine/reproductive-performance-high-producing-dairy-cows--can-we. Acesso em: 12 set. 2024.

SANTOS, F. F. **Sistema agroindustrial do leite de ovelhas no Brasil:** proposta metodológica para estudo de cadeias curtas. 2016. Dissertação (Mestrado). Disponível em https://www.teses.usp.br/teses/disponiveis/10/10135/tde-05102016-133038/pt-br.php. Acesso em: 24 jun. 2021.

SILVA, J. M. da *et al*. **Evolução do rebanho efetivo e principais características da ovinocaprinocultura no estado do Pará**. *In*: V CONGRESSO INTERNACIONAL DAS CIÊNCIAS AGRÁRIAS, dez. 2020, [s. l.]. Anais eletrônicos [...]. [S. l.]: Instituto Internacional Despertando Vocações, 2020. Disponível em: https://cointer.institutoidv.org/smart/2020/pdvagro/uploads/3620.pdf. Acesso em: 24 jun. 2021.

SOUZA, D. A. **Entendendo o sistema agroindustrial da carne ovina no Brasil**. Disponível em: https://www.milkpoint.com.br/artigos/producao/entendendo-o-sistema-agroindustrial-da-carne-ovina-no--brasil-60477n.aspx. Acesso em: 15 abr. 2018.

SAAB, M. S. B. L. M.; NEVES, M.F.; CLÁUDIO, L.D.G. **O desafio da coordenação e seus impactos sobre a competitividade de cadeias e seus sistemas agroindustriais**. Disponível em: https://doi.org/10.1590/S1516-35982009001300041. Acesso em: 24 jun. 2021.

SEELY, S. R. *et al*. Management strategies for subacute ruminal acidosis in dairy cows. **Journal of Dairy Science**, v. 104, n. 1, p. 54-64, 2021. DOI: 10.3168/jds.2020-19344.

Sundrum, A. (2015). Metabolic disorders in the transition period indicate that. **Frontiers in Veterinary Science.** doi:10.3389/fvets.2015.00034.

SOUZA, D. A. **Atualidades e perspectivas internacionais para a produção de carne ovina.** 2021. Disponível em: https://www.milkpoint.com.br/artigos/producao-de-leite/atualidade-e-perspectivas-internacionais-para-a-producao-de-carne-ovina-78029n.aspx. Acesso em: 21 jun. 2021.

SURISETTI, R. B.; APPA RAO, A. A. A case study of spontaneous diabetes mellitus in goat. **Uttar Pradesh Journal of Zoology**, 2022.

TUFARELLI, V. *et al.* The most important metabolic diseases in dairy cattle. **Animals**, v. 14, n. 5, p. 816, 2024. DOI: 10.3390/ani14050816.

WANG, Y. *et al.* Effects of a high-concentrate diet on the blood parameters and liver transcriptome of goats. **Animals**, 2023.

WILSON, G. F. Metabolic diseases of grazing cattle: from clinical event to production disease. **New Zealand Veterinary Journal**, 2001.

WISNIESKI, L. *et al.* Ketosis in dairy cows: symptoms, diagnosis, and treatment. **Journal of Dairy Research,** 2019. DOI: 10.1016/j.jdairyres.2019.02.004.

ZHANG, Y. *et al.* Liver fat accumulation and metabolic health in dairy cows: Mechanisms and management. **Frontiers in Veterinary Science**, 2022. DOI: 10.3389/fvets.2022.959831.